VEGETABLE

잡초로 여겨지던 일상 속 채소의 기묘한 이야기

모리 아키히코

1969년 출생. 과학 저널리스트, 가드너, 자연을 찍는 포토그래퍼로 활약 중이다. 주로 일본 간토 지방을 중심으로 식물과 동물의 독특한 관계에 대해 조사·연구·집필하고 있다. 저서로는 『身近な雑草のふしぎ친근한 잡초의 놀라운 이야기』, 『身近な野の花のふしぎ친근한 들꽃의 놀라운 이야기』, 『うまい雑草、ヤバイ野草맛있는 잡초, 위험한 야생초』, 『イモムシのふしぎ애벌레의 놀라운 이야기』, 『身近にある毒植物たち우리 주변의 유독 식물』, 〈いずれもサイエンス・アイ新書〉, 『ファーブルが観た夢파브르의 꿈』, 〈SB クリエイティブ〉 등이 있다.

들어가며

나의 일터인 허브 정원에는 작은 밭이 있다. 화창한 날에 땅바닥에 엎드려 채소에 꼬인 벌레를 잡는 데 몰두하고 있는데, 누군가가 질문을 던진다.

"어머, 허브 정원에서 채소도 키우세요?"

진흙투성이 가죽장갑으로 얼굴의 땀을 훔치고 바지런히 모은 방해꾼 벌레들을 잠목림 너머로 내던지고 나면, 이것 참 어디서부터 이야기를 해야 할지 고민된다. 많은 방문객이 똑같은 질문을 던진다. 어지간히 신기하게 보이는 모양이다.

대부분의 채소는 허브다(우리나라에서 허브 하면 식용이나 향료로 이용되는 식물을 떠올리지만, 본래 허브는 식용보다는 약용에 주안점을 둔 말이다. -옮긴이). 채소는 예전부터 약초로 쓰여 왔으며 지금도 원산지 주변에서는 효능을 가진 약초로써 폭넓게 사용되고 있다.

채소를 이용하는 방법은 지역마다 아주 독특하다. 같은 채소라도 세계 각지에서 저마다 다르게 쓰인다. 문헌을 연구하거나 사람들의 이야기에 귀를 기울여 보면 오랜 미신, 각종 주술, 기이한 전설, 심지어 마녀와 도깨비가 등장하는 이야기까지 상상을 초월하는 세계가 펼쳐진다.

이 책에서는 여기에 더해 현대 과학 지식(발음하기도 어려운 유기 화학 성분과 최신 학술 정보)을 적용해 채소를 조금 색다르게 즐기는 방법을 제안하고자 한다.

애초에 채소란 어떤 생물일까.

그 태생은 들에 나는 잡초, 들풀이다. 세상에는 우리가 아직 듣도 보도 못한 채소들이 즐비하고, 새로운 맛의 채소가 조금씩이나마 일본에 소개되고 있다.

아티초크 계열 채소(20쪽)는 12년 전만 해도 매우 희귀한 식물이었지만 지금은 마당이나 텃밭에서 기르는 사람이 부쩍 늘었다. 원산지인 유럽에서 아티초크는 채소 가게에서 흔히 볼 수 있는 '평범한 채소'다.

역시 유럽에서는 흔한 채소인 퍼슬린(114쪽)은 옛날부터 일본에 있던 채소로 지금도 길가에 무성한 잡초다. 시골에서는 더위 쫓는 채소, 한겨울에 먹는 보존 식품으로 여겨져 왔다. 서양에서는 살짝 데쳐서 샐러드로 먹지만, 일본에서는 삶은 후 초무침으로 요리해 즐기는 경우가 많다. 역시 우리 입맛에는 초무침이 딱이다.

우리에게 익숙한 채소라도 새로운 품종이 개발되고 색다른 활용법이 소개되는지라 채소의 세계는 언제나 변화무쌍하다. 하나하나 맛보고 즐기는 사이 자연의 묘미까지 만끽할 수 있다는 것은 매우 행복한 일이다.

이 책은 국내외 학술 논문과 전문 서적을 근거로 채소 속 유망한 기능성 성분에 대해서도 다수 소개하고 있다. 단, 현재 채소가 가진 '건강에 미칠 수 있는 영향'에 대해서는 대부분 확실히 밝혀진 것이 없음을 분명히 한다.

자주 혼동하는 채소의 이름이나 원산지 정보에 대해서는 『野菜園芸大百科第2版채소원예대백과 제2판』 시리즈를 기본으로 삼고 부족한 부분은 학술 논문 등을 참조했다. 학명은 최신 APG 분류 체계(Angiosperm Phylogeny Group의 약자로, 분자계통학적 연구에 따른 새로운 속씨식물 분류 체계. ―옮긴이)에 따랐다. 인용한 문헌과 논문은 너무 많아서 권말에 전부 기재할 수 없었다. 기초 연구를 수행하며 귀중한 식견을 공유하는 모든 연구자들에게 깊은 경의를 표한다.

이 책을 위해 기획 단계부터 함께 힘쓴 편집부의 다가미 리카코 씨에게도 감사의 말을 전한다. 말 그대로 '기적적'으로 출판에 성공한 것은 그의 노고 덕분이며, 디자인 담당자인 사사자와 기요시 씨의 손을 거쳐 훌륭하고 아름다운 책이 완성되었다.

명성이 자자한 유기농 작물 재배 농가의 각 선생님들—이시이 고지 씨, 이토 후미 씨, 이와사키 미츠토씨·다미에 씨, 구와바라 마모루 씨, 사쿠라이 가오루·아야코 씨, 가와카미 가즈오 씨에게 많은 가르침을 받았다. 각별한 감사 인사를 드린다.

또한 동료 가드너인 모리 히토미 씨와 오오츠카 나오히사 씨의 헌신적인 노고에도 감사드린다. 이들은 자연 세계에 대한 호기심과 즐거움을 언제나 함께 공유하며, 전 세계의 진귀한 채소를 훌륭하게 키워내고 있다.

식물 분야의 은사인 오쿠보 시게노리 씨, 무카이 고지 씨, 요시무라 시로 씨, 무카이 야스오 씨, 누마타 마사미츠 씨, 오하시 히로코 씨, 스즈키 타카토 씨에게도 많은 가르침을 얻었다.

마지막으로 '어쩌다 우연히' 이 책을 읽게 된 독자 여러분에게, 언젠가 책 밖에서 만난다면 깊은 감사의 말씀을 전하고 싶다.

모리 아키히코

하루 한 권, 채소

잡초로 여겨지던
일상 속 채소의
기묘한 이야기

CONTENTS

라푼젤

상추 계열 채소

채소의 세계로
당신을 초대합니다

🍀 참으로 기묘한 생명체

지구상에는 약 30만 종의 고등 식물(뿌리, 잎, 줄기의 세 부분을 갖추고 체계가 복잡하게 발달한 식물. -옮긴이)이 존재한다. 그리고 학자들은 이 중 약 10퍼센트가 인간 생활(의료 혹은 의식주)에 유용하다고 말한다. 무려 3만 종에 달한다!

한편 일본에서 유통되고 있는 채소는 150종 정도로 수가 상당히 적다.

약 1만 년 전부터 오늘날까지 인간은 전 세계에서 맛있는 먹을거리를 찾고 키우는 일에 열중하고 있다. 맛있는 산나물, 귀한 약으로 쓸 만한 약초는 닥치는 대로 가지고 와서 정성껏 기른다. 하지만 웬만해서는 말을 듣지 않고 보란 듯이 시들어 버린다. 혹은 겉으로는 멀쩡해 보여도 제 몫을 하지 않고 좋은 맛이나 약효 성분을 만들지 않는다. '유용한 식물'이라 일컬어지는 무리의 대부분은 인간의 생활과 경제 활동에 협력할 생각이 전혀 없는 듯하다.

즉, 밭에서 건강하게 뿌리를 내리고 품종 개량에도 선뜻 응해 주는 채소들은 매우 특이하고 경이로운 케이스다.

특히 경이로운 점은 높은 적응력이다. 일본에서 유통되는 채소의 90퍼센트 이상이 해외에서 왔다. 아프리카 사막 지대나 남미 안데스산맥에 살던 채소들이 일본의 밭에서 점잖게 줄지어 꽃을 피우는 이유는, 무서울 정도로 유연하고 놀라운 생명 기능을 타고났기 때문이다.

학자들은 이 특수한 능력을 지금까지 정밀하게 연구해 왔지만, 현재로서는 얇은 양파 껍질 한 장을 겨우 벗긴 상태에 불과하다. 평소 무심코 마주하는 채소의 정체는 알 수 없는 것투성이다.

그렇지만 인간은 지난 1만 년간 채소를 먹어 왔고, 우리의 신체와 생활에 활용하면서 그 진가도 조금씩 이해하고 있다. 이렇게 친숙한 생물에 얼마나 놀라운 사실들이 담겨 있는지, 이제 그 이야기 속으로 들어가 보자.

♨ 고향을 알면 채소를 이해할 수 있다

가장 새로운 생명의 세계를 경험하고 싶다면 여럿이 모여서 채소를 먹어 보자. 식탁을 둘러싼 인원이 많을수록 훌륭한 연구 성과를 거둘 수 있다. 그도 그럴 것이 채소의 품종과 그 요리법은 하늘에 보이는 별만큼 많기 때문이다. 강낭콩이나 감자의 경우 적게 잡아도 1,000종이 훌쩍 넘는다. 순무, 토마토, 고추도 각각 수백 종에 달한다.

아직 경험하지 못한 채소를 먹어 보는 미식 여행은 우리의 삶과 식탁을 다채롭게 꾸미고, 채소를 생명체로서 관찰하는 행위는 우리 몸의 신비에 대해서도 흥미로운 시사점을 제공한다. 물론 이 채소가 건강에 좋은지 여부도 스스로 검증할 수 있다.

이러한 연구를 한층 더 즐겁게 만드는 유용한 도구가 있다. 바로 원산지 정보다. 만약 어떤 채소를 재배하기 시작하고 어려움에 부딪친다면 그 고향

딸기의 전파 경로

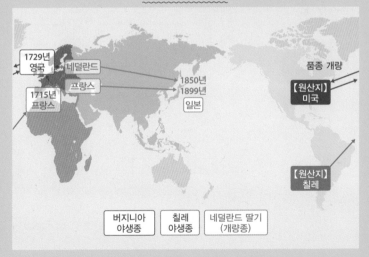

을 떠올려 보자. 결코 헛수고가 아니다.

　원산지 주변에는 원종(原種) 혹은 원종에 가까운 품종이 많이 남아 있다. 놀랍게도 당근, 상추, 가지 등의 원종은 우리가 알고 있는 것과 색깔이나 모양은 물론 맛도 전혀 다르다. 색깔이나 풍미가 다르다는 것은 성분에도 큰 차이가 있다는 뜻이다. 그중에는 빈말로도 맛있다고 하기 어려운 녀석도 반드시 있지만, 그 혀의 기억 또한 누군가와 이야기하고 싶은 연구 성과다.

　원산지에서의 이용 방법도 새로운 요리 아이디어를 떠올리게 도울 것이다. 나아가 아주 기묘한 민간전승이나 각종 주술은 당신의 상상력에 날개를 달아 주고, 채소들이 품은 미지의 세계에 대한 경이로운 이야기를 들려 주리라. 겨우 집집을 떠도는 미신일 뿐이라 해도 수백 년, 수천 년에 걸쳐 전승된 이유는 '눈에 보이지 않는 무언가'가 숨어 있기 때문이다.

상추의 전파 경로

❦ 그래서, 무엇이 건강에 좋은 것일까?

친근한 채소들이 햇살을 즐기며 부지런히 만들어 내는 성분은 우리 몸에 '아주 좋은 느낌의 카오스'로 작용한다.

우리가 먹는 채소가 얼마나 많은 물질을 함유하고 있는지는 아직 정확히 모른다. 비타민, 미네랄, 식이섬유 외에도 수백에서 수천 종의 미확인 물질이 있으리라 추측된다.

다음의 표는 1997년 세계암연구기금이 보고한 채소 섭취와 암 발병 위험에 관한 데이터다(池上幸江 외, 2003년). 전 세계 4,500건 이상의 역학 논문을 조사한 것으로, 무엇을 섭취했을 때 어떤 암을 예방하는 데 효과적이었는지를 보여 준다.

주목할 점은 유효 성분만 추출하여 섭취하는 것보다, 잡다한 성분의 카오스라 할 수 있는 채소나 과일을 통째로 먹는 것이 효과적이었다는 사실이다. 우리 몸을 포함한 자연의 모든 것은 합리성만으로는 도저히 이해할 수 없다. 유쾌, 통쾌한 이야기다.

채소 섭취와 암 예방 효과

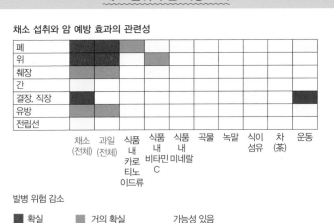

채소 섭취와 암 예방 효과의 관련성

	채소 (전체)	과일 (전체)	식품 내 카로 티노 이드류	식품 내 비타민 C	식품 내 미네랄	곡물	녹말	식이 섬유	차 (茶)	운동
폐	■	■	▨							
위	■	■	░	▨						
췌장	▨	░								
간	░									
결장, 직장	■	░								■
유방	▨									
전립선	░									

발병 위험 감소

■ 확실   ▨ 거의 확실   ░ 가능성 있음

이케가미 사치에(池上幸江)외, 2003년; 세계암연구기금(World Cancer Research Fund and American Institute for Cancer Research), 1997년에서 발췌 및 구성

🍴 맛있는 과학

채소가 생성하는 화합물의 종류는 그 수가 어마어마하다. 무엇을 만드느냐는 종마다 다르다. 또 같은 종이라 할지라도 계절이나 자라는 환경에 따라서도 크게 달라진다.

우선 채소마다 걸리기 쉬운 질병이 다르다. 천적인 소동물류(유충, 성충, 진딧물 등)도 다르다. 이러한 환경 스트레스에 대응 가능하도록 채소들은 공격 및 방어법을 매우 유연하게 바꾸고 있다. 한편 스트레스가 적은 시즌에는 쓸데없이 무기나 방어 도구를 만드는 것은 그만두고, 또 다른 물질을 만드는 데 시간을 보낸다. 모두가 원하는 '건강에 매우 좋을 것 같은 기능성 성분'의 경우, 생육 단계 및 계절에 따라 축적하는 곳을 차례차례 바꿔 간다.

이러한 생명의 사이클이 확실히 보이면, 언제 어떤 채소를 먹어야 혜택을 얻을 수 있는지 알게 된다.

한편 채소를 대하는 자세(재배법이나 요리법) 하나로 각각의 기능성 성분이 극적으로 달라지는데, 오랜 역사 속에서 우여곡절을 거쳐 축적된 지혜와 기술이 세계 곳곳에 남아 있다. 지난 약 1만 년 사이 배탈이 나거나, 형편없는 맛에 탄식한 사람들이 셀 수 없이 많다. 보다 맛있게, 안심하고 먹을 수 있는 식물을 추구해 온 성과가 바로 지금의 채소다.

풍요로운 채소 생활을 즐기고자 한다면 '새로운 채소'에 도전해 보는 것도 좋은 방법이다. 이 책에서는 아티초크, 엔다이브, 퍼슬린, 비트, 라푼젤 등 우리에게 다소 익숙하지 않은 새로운 채소들도 소개한다. 모두 원산지에서는 예로부터 맛있는 약초로 이름을 날린 유명한 채소들로 이제 일본에서도 재배하기 시작해 구입할 수 있게 되었다.

이야기는 여신의 화신, 아티초크부터 시작된다.

38종
채소의
86가지
이야기

Disce gaudere.
즐기는 법을 배워라.
루키우스 세네카(고대 로마 제국의 정치가, 철학자)

🌱 간과 피부를 지키는 여신

전지전능한 신도 어쩔 수 없는 일이 있다. 바로 사랑 문제다. 제우스는 키나라(Cynara)라는 소녀(님프라는 설도 있다)에게 반해 신들이 거하는 산으로 그녀를 초대하여 여신으로 만들었다. 키나라는 아름다울 뿐만 아니라 엄청난 재능과 지혜를 타고났던 듯하다. 그녀의 이름을 딴 아티초크(학명 *Cynara*)를 키우면 잘 알 수 있다. 그러다 또 전설과 같이, 가드너들은 그녀의 변덕 때문에 애를 먹기도 한다.

아티초크 계열 채소에는 여러 종류가 있는데 채소로 유명한 것은 22쪽에 등장할 글로브 아티초크다. 지금 소개하는 카르둔과 무엇이 다르냐고 묻는다면, 일단 먹는 법이 다르다. 카르둔의 씨앗을 파종한 후 1년 차에는 어린 잎을, 2년 차부터는 잎자루를 먹는다. 또는 꽃봉오리가 올라오는 시기에 부드러운 줄기를 먹는데, 짧은 제철을 놓치면 딱딱해져 칼이 잘 들지 않는다. 야생종과 재배종(특정 목적으로 인위적으로 재배되고 있는 종. 야생종에 대응하는 개념이다. -옮긴이)이 있으며 일본의 정원이나 밭에서 볼 수 있는 것은 재배종이다. 신장이 2미터를 넘고, 잎몸도 1미터나 되는 슈퍼 엉겅퀴다. "이거 풀 맞아요?"라고 묻고 싶어질 만큼 위용이 넘친다. 전 세계의 가드너는 제우스가 그랬던 것처럼 카르둔에 홀딱 빠져 그녀를 모시는 일을 무한한 행복으로 여긴다.

일본에서는 주로 관상용으로 취급되지만, 지중해 사람들은 줄기의 풍미를 진미라고 평한다. 여신 키나라는 신들에게 술을 따랐겠지만, 그녀의 화신인 카르둔에는 간 기능 보호 및 개선 효과가 있다고 알려져 있다. 노화 방지 물질이기도 한 폴리페놀류가 풍부한 점도 그녀의 빼어난 미모를 떠올리게 한다. 특히 카르둔의 잎에는 실리마린(silymarin)이 함유되어 있는데(Fernández 외, 2006년) 간 기능과 피부 탄력을 개선해 준다고 하여 주목받는다.

한편 여신에게도 문제는 있다. 씨앗부터 기르면 이후의 성장을 전혀 예상할 수가 없다는 점이다!

국화과 | 키나라속

카르둔

Cynara cardunculus

원산지	지중해 연안
재배 역사	2,300년 이상
생활사	다년생
개화 기간	6~8월

생육 양상 및 성질

잘 키우면 10년 이상 꾸준히 수확 가능하다. 햇볕이 잘 드는 곳을 좋아하고 이동을 몹시 싫어한다. 넓은 땅과 눈부신 햇빛이 필요한 '귀하신 몸'이다.

특기 사항

마른 산기슭에서 야생할 정도로 튼튼하나, 정말 변덕스럽다. 소중히 키워도 무엇이 마음에 들지 않는지 홀연히 사라질 때가 있다. 여신 때문에 마음을 졸이고 고민에 잠겼던 제우스의 심정에 아프게 공감하지만, 사랑을 멈출 수는 없다.

🍴 아이들과 셰프가 반한 '여신의 하트'

야생 카르둔을 선발하고 품종화한 것이 글로브 아티초크다. 높이는 160센티미터 정도로 적당해졌고, 꽃의 크기는 50퍼센트 커졌다. 주로 어린 꽃봉오리가 유럽 귀족의 고급스러운 혀를 만족시켰다. 찬미의 대상은 역시 여신의 독창적인 풍미. 죽순 같은 식감과 쌉쓰름한 단맛의 절묘한 풍미는 대체재가 없고, 대량 채취가 불가능한 희소성도 한몫하여 글로브 아티초크의 꽃봉오리는 지금도 고가에 거래된다.

젊은 프랑스 사람들에게 들은 이야기인데, 엄마가 아이들에게 정원에서 글로브 아티초크를 따 오라고 심부름을 시키면 아이들은 일본인이 즐겨 먹는 꽃봉오리 껍질(비늘같이 생긴 부분)은 뜯어서 버린 후, 그 속에 숨은 '하트'라 불리는 중심부만 먹어 치워 엄마에게 크게 꾸지람을 들었다고 한다. 단 한 번이라도 하트를 맛본 아이와 셰프는 글로브 아티초크의 매력에서 헤어나오지 못한다는 것이다. 하지만 여신은 역시 변덕스러워서 냉장고에 넣어두어도 며칠을 가지 못한다. 역시 직접 키우는 것이 가장 좋겠지만, 그러기 위해서는 넓은 땅이 필요하다.

글로브 아티초크의 거대한 구조를 지탱하고 있는 것은 물론 뿌리다. 2년차 이후의 성장은 눈이 부실 정도로, 양분 흡수 능력이 매우 뛰어나 당분을 고농도로 축적한다. 본래 마른 산기슭에서도 거대하게 자랄 수 있는 잡초답게 생명력도 엄청나다. 정원과 밭에서는 그리운 파르나소스산을 바라보는 듯 오롯이 우뚝 선다.

키나라는 여신으로 추대 받았지만 제우스의 명을 어기고 종종 인간 세계에 내려왔다. 제우스는 격분하여 그녀를 추방하고 아티초크로 만들었다. 키나라의 재능과 지혜가 그대로 깃든 것인지, 아티초크는 지금도 세계 각국에서 재배되며 우리에게 넘치는 은혜를 베풀고 있다. 전초(全草)에서 채취되는 섬유는 종이 또는 의복이 되고, 유분은 바이오매스 발전(식물이나 미생물 등을 통해 얻는 에너지로 전기를 생산하는 발전 방식을 말한다. -옮긴이) 분야에서 활약 중이다.

카르둔의

기능성 성분 예

― 클로로젠산

― 실리마린

― 아피제닌

봄에 돋는 잎

씨앗

- 클로로젠산은 달콤함을 느끼게 하는 성분. 예로부터 고급 와인과 함께 먹지 말라는 말이 있었던 이유는 와인의 맛이 달라지기 때문이다. 혈당 상승을 억제하고 지방 연소를 보조하는 등 여러 기능을 한다.

- 카르둔의 잎에 함유된 실리마린은 간 기능 보호 및 개선 효과가 있다(글로브 아티초크의 잎에서는 발견되지 않았다).

아티초크의 '하트'

글로브 아티초크의

기능성 성분 예

― 카페오일퀸산류

― 비타민 C, 이눌린

- 카페오일퀸산류(클로로젠산도 카페오일퀸산류의 일종이다)는 꽃이나 잎에 많이 들어 있다. 활성 산소의 공격으로부터 세포 조직(단백질, 세포막, DNA 등)을 강력하게 방어한다.

- 그 외에도 꽃 부분에는 비타민 C와 안토시아닌류(Christaki 외, 2012)가 풍부하다. 줄기와 잎에는 식이섬유와 이눌린 등도 다량 함유되어 있어서 항균제, 항HIV제, 이담제(담즙의 분비와 배설을 촉진시키는 약. ―옮긴이)로 이용된다.

♟ 행복을 가져오는 새로운 가족

아스파라거스를 집으로 들이는 것은 새로운 가족을 맞이하는 것과 다름없다. 고대 유럽과 북아프리카에서는 인생 최대의 경사인 혼례의식에서 빼놓을 수 없는 재료였다. 장수와 자손 번영을 약속하는 약초였기 때문이다.

이미 기원전 4,000년에 고대 이집트인들이 아스파라거스의 경이로운 생명력과 귀중한 약초로서의 진가를 간파했다. 이집트인들은 너도나도 앞다투어 아스파라거스를 먹었다.

믿기 어렵겠지만 아스파라거스는 정성껏 키우면 10년에서 길게는 40년까지 수확이 가능하다. 그야말로 좋은 반려 채소가 되는 것이다. 고대 그리스에서는 산기슭의 바위 주변이나 황무지에 무성하게 자라는 잡초였으나, 사람들은 이를 아름다운 정원으로 초대했다.

기원후 1세기에 저술된 역사적인 문헌 중 『De materia medica드 마테리아 메디카』가 있다. 고대 그리스의 의사이자 약학 연구의 대가 디오스코리데스 (Pedanium Dioscorides, 40~90년)가 쓴 것으로, 이후 1,600년간 서양에서 최고의 약학서로 여겨졌다. 아스파라거스의 효능에 대해 디오스코리데스는 다음과 같이 말한다.

"작은 줄기(아마도 새싹일 것이다)를 끓여 먹으면 과민해진 장을 진정시키고 강한 이뇨 작용을 얻을 수 있다. (……) 뿌리줄기에서 얻은 침출액을 마시면 통증을 동반한 배뇨 곤란, 황달 증상, 신장병, 요통 등이 완화된다."

이러한 효능의 배경에는 아스파라긴산(aspartic acid)이 숨어 있다. 아스파라거스에서 추출됐기 때문에 붙은 이름으로, 비필수아미노산이지만 중추신경계에서는 신경전달물질로 작용한다. 신경세포에 해로운 암모니아를 소변으로 만들어 배출하는 과정, 즉 질소 대사에 관여한다. 또한 에너지 대사에 기여하며 피로 회복이나 기력 증진에 좋다고 여겨져서 영양제 및 스포츠 음료에 많이 쓰인다.

비짜루과 | 비짜루속

아스파라거스

Asparagus officinalis

원산지	남유럽 및 러시아 남부
재배 역사	2,000년 이상
생활사	다년생
개화 기간	5~7월

생육 양상 및 성질

폴란드 등에서는 초원에 자라는 야생 잡초. 비옥한 정원으로 초대하면 건강하게 자라나고 수십 년 동안 수확할 수 있다. 어딘가에 기대고 싶어 하는 어리광쟁이이므로 지주대는 필수다.

자색 아스파라거스

특기 사항

일본에는 덴메이 연간(1781년) 이전에 나가사키에 전해졌지만, 당시는 관상용으로만 쓰였고 채소로서는 전혀 인기가 없었다. 수확한 새싹은 계속 성장하려 하기 때문에 시간이 지날수록 딱딱해진다. 수확한 후에는 빨리 먹는 편이 좋다.

아이를 학수고대하는 이들을 위한 해결책

아스파라거스의 일종으로서 히말라야 주변에 자라는 샤타바리는 꽤 대단하다. 인도 반도의 전통 의학인 아유르베다에서는 샤타바리를 사용했을 때 치료 효과가 기대되는 질병으로 결핵, 당뇨병, 적리(이질의 일종으로 혈변을 보는 증상이 생긴다. -옮긴이), 설사, 위산 과다를 들고 있다. 그 외에 피로 회복, 습관성 유산 방지, 순산, 모유 촉진 등의 효능도 있다고 한다. 특별히 귀하게 여겨진 것은 노화 방지 효과로, 피부 미용과 기력 증진에 좋다고 기록했다.

인도에서 진행한 생화학 연구에 의하면, 실험 쥐에 샤타바리의 하이드로 알코올 추출액을 투여했더니 '높은 정력 증진 효과가 인정되었다'라고 한다(Wani 외, 2011년). 나아가 연구진은 '추출 성분을 다루는 법에 대해서 더욱 심도 있는 추가 연구가 요구되나, 성 기능 장애로 고민하는 부부들에게 희소식이 될 것'이라고 덧붙였다.

아이를 갈망하는 사람들을 위해, 부작용이 있는 합성약보다 안전한 천연 성분 약을 탐구하는 활동은 이제 전 세계적으로 시급한 과제다. 이러한 최첨단 연구 성과가 쌓이면서 우리가 그동안 채소의 능력을 상당히 과소평가했다는 사실을 깨닫기 시작했다. 자손 번영 및 노화 방지 효과를 보이는 채소로 샤타바리나 아스파라거스뿐만 아니라 다른 채소들도 널리 연구되고 있다.

한편 아스파라거스는 자웅이주다. 즉 수컷과 암컷이 있다. 재배에는 수컷이 선호되지만(수컷의 수확량이 많다. -옮긴이) 꽃이 필 때까지 구별은 거의 불가능하며, 맛이나 품질에는 뚜렷한 차이가 없다. 초여름에 피는 의엽(원래 잎자루인데 잎몸처럼 보여서 붙은 이름이다. -옮긴이)은 최상급 깃털과 같은 유려함이 있고, 여기저기 살포시 곁들여진 종 모양의 꽃과 먹음직스럽게 익는 붉은 열매도 수수하고 사랑스럽다. 심은 해에 수확할 수는 없으며 보통 2~3년 차 봄부터 가능하다. 그저 기다리는 수밖에.

아스파라거스의
기능성 성분 예

—아스파라긴, 루틴

—S—메틸메티오닌

—비타민 A · B · C · E

- 아스파라긴은 아미노산의 하나로 쓴맛이 난다. 가수 분해하면 감칠맛 성분으로 알려진 아스파라긴산이 생기니 흥미롭다. 아스파라긴산은 세포의 대사 기능을 촉진 · 개선하고, 간 기능을 보호하고, 배설 작용을 촉진하며, 장에서 영양 흡수를 돕는다. 또 신경전달물질로 작용하기 때문에 대단히 중요하다.

- 루틴은 혈관 재구축과 혈액 순환 개선에 도움을 준다. 메밀이나 딸기류에도 함유되어 있으나 아스파라거스 새싹에 풍부하다.

- S—메틸메티오닌은 세포 분열을 촉진하고 위장에 궤양이 생기는 것을 방지하는 작용이 알려져 있다(60쪽).

- 초봄의 아스파라거스는 루틴과 비타민 C의 보고. 특히 자색 아스파라거스는 루틴, 비타민 C, 폴리페놀류의 함유량이 높다.

샤타바리는 노화 방지 허브?

아스파라거스와 같은 비짜루속인 샤타바리(*Asparagus racemosus*)는 인도 히말라야 주변 산지의 바위 밭 등에서 조용히 자란다. 한편 뛰어난 약효가 알려진 탓에 무분별하게 수확되고 있다. 줄기에 돋은 날  카로운 가시가 특징이며 찔리면 상당히 아프다. 뿌리줄기의 효능이 특히 뛰어나다고 알려져 있다. 일본을 기준으로 간토 이북 지방에서 기른다면 동절기에는 실내에 들여야 한다.

✦ 반전의 번식력을 지닌 아름다운 식물

신들의 정원을 수 놓는 식물로서 중세 예술가들은 딸기를 그리는 것을 결코 잊지 않았다. 고대부터 정의와 덕망의 상징으로 여겨진 딸기는 북유럽 신화에 등장하는 최고신 오딘의 아내인 프리그(풍요·사랑·결혼의 신)에게 바쳐졌다. 프리그는 어린 나이에 불행히 세상을 떠난 아이들의 영혼을 딸기 잎 밑에 숨겨 조용히 천국으로 인도했다고 한다. 이 아름다운 이야기는 훗날 기독교가 전파되면서 그대로 성모 마리아에게 계승된다.

그런데 딸기의 생육 양상을 보면 결코 조용하지 않다. 지표면을 따라 런너(옆으로 기면서 자라는 가느다란 특수한 가지. -옮긴이)를 차례대로 뻗어서 가는 곳마다 뿌리를 내린다. 그렇게 자신의 '분신'을 다수 탄생시키고, 분신들도 또 줄기를 힘 있게 뻗어 또 다른 분신을 낳는다. 이처럼 사방에 진을 치고 구역을 늘리며 기뻐한다. 체력을 다 써 버린 이들은 맛있는 열매를 맺을 기력을 잃는다. 이처럼 다소 과격한 성격이지만 여신에게 바쳐질 만하다.

옛 영국의 민간전승에 따르면, 콘월 지방 소녀들은 야생종 딸기의 잎으로 피부나 얼굴을 쓰다듬으면 얼굴빛이 좋아진다고 믿었다고 한다. 영국의 약초학자 존 제러드(John Gerard, 1545~1612)도 "잘 익은 딸기 열매는 갈증을 해소할 뿐만 아니라 자주 섭취하면 얼굴빛을 맑게 만든다."라고 언급했다.

야생종 딸기는 세계 여러 곳에 자생한다. 더 크게 자라는 재배종 딸기(네덜란드 딸기)의 원형은 18세기에 탄생했다. 유럽으로 가져온 북아메리카산 버지니아 야생종과 남아메리카산 칠레 야생종을 교배한 것이다. 이를 바탕으로 훨씬 맛있는 딸기를 만들기 위한 품종 개량이 진행되었는데, 최근에는 약효를 높이는 연구도 활발히 이루어지고 있다. 이 또한 미용에 매우 좋다고 한다.

장미과 | 딸기속

딸기

Fragaria×ananassa

원산지	유럽
재배 역사	250년 이상
생활사	다년생
개화 기간	3~4월

생육 양상 및 성질

비옥한 토지에 심은 어미그루보다 가지를 타고 독립한 새끼그루가 더 크게 자라기도 한다. 다소 버릇없 긴 하지만 함께 지내면 매우 즐겁다.

백딸기 품종 '담설'

특기 사항

딸기 과즙에는 궤양을 발생시키고 암세포 증식을 유발하는 AP-1이나 NF-κB의 활성을 억제하는 기능도 있 다(Wang 외, 2007년). 각종 비타민과 미네랄도 풍부한 '달콤한 약초'다.

❄ 잘 가 멜라닌, 어서 와 백딸기

인간이 신에게 딸기를 바치기 훨씬 이전부터, 신은 딸기에 사랑을 바치고 있던 것이 아닐까. 딸기가 가진 생명력이나 기능은 참으로 범상치 않아 수많은 약리학자로 하여금 혀를 내두르게 한다. 그마저도 왠지 모르게 무척 매력적이다.

예를 들어 최근 에센스 등의 화장품에 자주 사용되는 엘라그산(ellagic acid)은 피부에 착색하는 멜라닌의 생성을 억제한다고 알려짐으로써 기미 예방 및 미백 효과 등이 주목받고 있다. 엘라그산은 잘 익은 네덜란드 딸기에 풍부하여 '지속적으로 섭취하면 효과적'이라고 하나, 매일 섭취하도록 허락할 만큼 자연계는 만만하지 않다.

네덜란드 딸기 중에서는 엘라그산보다 엘라기탄닌(ellagitannin)의 형태로 생산·보관하는 품종이 많은데 둘 다 멜라닌의 생성을 억제하는 작용을 한다. 게다가 높은 항산화 작용, 항변이원성(돌연변이 억제), 항발암 작용을 한다는 보고가 이어지면서(Vattem 외, 2005년) 더욱 강력한 노화 방지 효과까지 기대된다.

약리학자들에게 고충이 있을 수밖에 없는 것이, 엘라그산과 엘라기탄닌의 함유량은 품종에 따라 10배 가량 차이가 난다(Maas 외, 1991년). 영국의 앳킨슨(C.J.Atkinson)과 연구진은 다수의 품종 딸기 조사에 나섰고 1년 차에 45종, 2년 차에 17종을 대상으로 성분 함유량을 밝혔다. 31쪽에 일부 자료를 발췌해 실었다(참고로 재배 조건은 모두 동일했다). 품종별 함유량은 확실히 제각각이다. 한편 1년 차에 1위를 차지하던 품종이 2년 차 재배에서는 함유량이 절반 이하로 급격히 떨어졌다. 이유는 분명치 않지만, 딸기는 로봇이 아닌 생물이기에 지극히 자연스러운 현상으로 여겨진다. 연구팀이 의외였다고 밝힌 것은 백딸기 품종의 함유량이 높았다는 점이다.

엘라그산과 엘라기탄닌의 함유량

단위 : µg · g⁻¹ (동결 기준 중량)

재배 1년 차

품종명	엘라그산류 합계	엘라그산	엘라기탄닌
Osmanli	341	11.3	330
Nida	322	21.4	301
Laura	243	21.1	222
EM894-1	230	ND	ND
Florence	226	ND	ND
ITA93-971-59	218	12.7	206
Cigoulette	217	6.7	210
ITA91-355-3	208	7.9	200
EM676WF	206	11.7	194
Jaune	201	5.0	196
Sophie	192	7.0	185
EM1088	190	11.8	178
EM1089 ⋮ Honeoye	181 ⋮ 84.4	16.2 ⋮ 10.9	165 ⋮ 73.5
Tango	79.2	4.3	74.9
Hapil	60.0	ND	ND

재배 2년 차

품종명	엘라그산류 합계	엘라그산	엘라기탄닌
EM1055WF	255	9.1	246
Florence	250	8.2	241
Symphony	239	12.6	227
EM1107WF	236	5.7	230
Alice	235	10.1	225
Honeoye	232	11.2	221
Mira	230	18.5	211
Elsanta	223	8.1	215
Ciloe	205	5.8	199
Darselect	194	5.5	188
Evangaline	191	ND	ND
Cambridge Favourite	187	9.8	177
Osmanli	165	9.7	155
Oka	155	ND	ND
Sophie	138	9.0	129
Onda	134	4.4	129
St William's	102	5.5	96.1

☐ ······· 백딸기 품종

ND ········ 검출 레벨 이하

* 실험 1년 차에 조사된 품종은 영국에서 생산된 45종, 실험 2년 차에 조사된 품종은 17종이다.
1년 차와 2년 차에 공통적으로 실험된 품종은 대표 품종에 한정되어 있다.

(C.J.Atkinson 외, 2006년에서 발췌하여 구성 및 보완)

엘라그산류의 함유량은 같은 품종이라도 일정하지 않다.

	1년 차	2년 차
Osmanli	341	→ ↑ 165
Sophie	192	→ ↑ 138
Honeoye	84.4	→ ↓ 232

ꙮ 야생에서 서성이는 연금술사

생물이란 재미있는 존재여서, 좋은 것끼리 합쳐도 완벽해지지는 않는다. 채소도 마찬가지이며 딸기가 그 좋은 예시다.

네덜란드 딸기는 앞서 소개했듯이 북아메리카의 버지니아 야생종 (F.virginiana)과 남아메리카의 칠레 야생종(F.chiloensis) 사이에서 태어났다. 일본에도 땃딸기, 흰땃딸기, 능향매가 야생하고 있는데, 작은 열매가 초롱처럼 앙증맞고 사랑스럽다. 잘 익은 열매의 향과 풍미는 매우 뛰어나다. 진한 딸기 맛에 더해 완숙 머스캣과 같은 향이 듬뿍 퍼져 입안에 행복을 가져온다. 재배종 딸기에서는 느끼기 힘든 풍부한 맛이 있으니 마당에서라도 간단히 키울 수 있다면 좋겠다.

앞으로도 언급하겠지만 야생종 딸기들은 병해충에 대한 저항성이 강한 반면, 번식 및 이동에 열중하느라 열매 맺는 일을 까맣게 잊어버린다. 종종 마당에 나가 딸기들이 뻗어 놓은 가지를 잘라 내면 비로소 포기하고 꽃을 피워 열매를 맺는다. 참고로 딸기 한 그루가 땅 위에 뻗을 수 있는 런너의 수는 적게는 4~5개 정도, 많으면 100개를 넘는다(품종에 따라 다르다). 여기서 태어난 새끼그루 모두가 똑같이 런너를 뻗어 새끼그루를 만들 수 있는 것이다.

이들 야생종딸기, 와일드 스트로베리에는 많은 개량종이 있다. 너무 왕성한 번식력이 곤란하다면 런너를 만들지 않는 품종을 추천한다. 백딸기 품종은 특히 맛이 좋아 계속 번식하면 좋겠는데 안타깝게도 런너를 만들지 않는 타입이다.

한편 야생종의 장점은 역시 뛰어난 생명력에 있다. 거기서 탄생하는 다양한 '연금술의 결과물'은 인간에게도 놀랄 만큼의 많은 혜택을 준다.

장미과 | 딸기속

야생딸기

Fragaria vesca

원산지	유럽, 아시아, 북미 등
재배 역사	5,800년 이상
생활사	다년생
개화 기간	3~12월

생육 양상 및 성질

사계절 내내 개화하기에 1년 내내 즐길 수 있다. 방치해도 번식하지만 간혹 홀연히 사라지기도. 돌봐주면 매우 기뻐하며 많은 열매를 주렁주렁 맺는다.

알파인

골든 알렉산드리아

특기 사항

열매가 맺히는 철에는 아주 달콤한 향기가 난다. 백딸기 품종은 특유의 풍미가 매력적이다. 황금빛 잎을 가진 품종은 마당이나 텃밭을 아름답게 장식한다. 알파인 품종과 골든 알렉산드리아 품종은 런너를 만들지 않는 타입이어서 관리도 쉽다.

✦ 넘치는 생명력, 탁월한 효능

활성 산소란 세포의 정상적 기능과 우리의 미모를 파괴하는 에너지를 가진 녀석들의 총칭이다. 항산화 효소는 이들의 난행을 능숙하게 진압하는 능력을 갖고 있다. 딸기는 소중한 자식(씨앗)을 지키기 위해 특수 항산화 효소를 듬뿍 만들어 열매(실제로는 줄기의 일부)에 넣어 씨앗을 보호하는데, 이를 먹는 동물에게도 혜택이 돌아간다. 35쪽의 표는 그러한 특수 항산화 효소의 활성도를 품종별로 비교한 것이다. 이 내용이 흥미롭기 그지없다.

비교에 사용한 품종은 널리 재배하는 품종인 네덜란드 딸기와 그 원종(原種)인 버지니아 야생종, 칠레 야생종 등 3종. 우선 야생종의 높은 활성도가 눈길을 끄는데, 그중에서도 버지니아 야생종이 뛰어난 경향을 보인다. 특히 야생종E(*F. virginian ssp. glauca*)의 항산화 효소 활성도가 유달리 높다. 같은 연구에서 비타민 C에 대해서도 조사한 결과 이 종이 1위를 차지했고, 그 때문인지 인간의 폐암세포(A549) 증식을 억제하는 작용도 보였다. 이 종 자체도 딸기에 흔히 나타나는 질병인 뿌리혹선충, 엽소, 잎마름, 흰가루병 등에 높은 저항성이 있다고 알려지며, 게다가 딸기 자체가 '매우 맛이 좋다'라고 논문에 기재되어 있으니 더 이상 바랄 게 없겠다. 많은 야생종 딸기를 먹어 봤지만 이것만큼은 꼭 먹어 보고 싶다. 조만간 키워 보려 한다.

한편 앞서 언급했듯이 콘월 지방 소녀들은 야생종 딸기의 잎으로 미모를 가꾸었다. 품종 딸기 대상의 연구이기는 하지만, 그 잎에 미백 촉진 물질이 풍부하게 함유되어 있다는 사실이 밝혀졌다(大原祐美 외, 2008년). 아름다움을 향한 갈망에 딸기는 꽤 오랜 세월을 함께해 왔다. 감사의 마음을 담아 키워 보는 것도 즐거울 테다.

항산화 효소의 활성도(개량종과 야생종 비교)

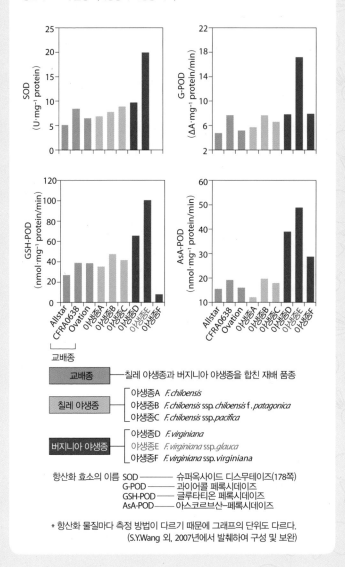

교배종 ──── 칠레 야생종과 버지니아 야생종을 합친 재배 품종

칠레 야생종 ──┌ 야생종A *F. chiloensis*
              ├ 야생종B *F. chiloensis* ssp. *chiloensis* f. *patagonica*
              └ 야생종C *F. chiloensis* ssp. *pacifica*

버지니아 야생종 ──┌ 야생종D *F. virginiana*
                  ├ 야생종E *F. virginiana* ssp. *glauca*
                  └ 야생종F *F. virginiana* ssp. *virginiana*

항산화 효소의 이름 SOD ──────── 슈퍼옥사이드 디스무테이즈(178쪽)
　　　　　　　　　　G-POD ──────── 과이어콜 페록시데이즈
　　　　　　　　　　GSH-POD ────── 글루타티온 페록시데이즈
　　　　　　　　　　AsA-POD ────── 아스코르브산−페록시데이즈

＊ 항산화 물질마다 측정 방법이 다르기 때문에 그래프의 단위도 다르다.
　　　　　　　　　　　　　　(S.Y.Wang 외, 2007년에서 발췌하여 구성 및 보완)

출신은 모르겠으나 딸꾹질에는 효과적이다

전 세계에서 가장 사랑받는 식재료 중 하나인 콩. 그중에서도 절대적 인기를 자랑하는 것은 6종이다. 누에콩, 대두, 땅콩, 완두콩, 병아리콩, 그리고 강낭콩이다.

강낭콩의 출신을 언급하는 데는 용기가 꽤나 필요하다. 첫 번째 이유는 강낭콩의 야생종이나 원종으로 추정되는 식물이 아직 발견되지 않았기 때문이다. 두 번째 이유는 현재 존재하는 1,000종 이상의 품종 중 '어디까지를 강낭콩으로 볼 것인가'라고 하는, 대부분의 사람들이 대수롭게 여기지 않을 일에 대한 피 튀기는 논쟁이 현재진행형이기 때문이다. 세 번째 이유는 그 역사다. 강낭콩은 16세기 아메리카 대륙에 도착한 스페인 사람들이 발견했다고 알려져 있으나, 다른 의견도 있다. 우선 고대 이집트의 민간전승에는 그 모양이 남성의 고환과 비슷하다며 신성시되어 식용으로 삼는 것을 몹시 꺼렸다는 콩에 대한 기록이 있다(『英米文学植物民俗誌영미문학 식물민속지』). 한편 중세 페르시아(10~12세기) 문헌에도 등장한다. 당시 페르시아는 의학 연구의 메카로, 의사들이 연구에 매진하며 방대한 임상 연구 결과를 축적하고 있었다. ED치료(남성 성 기능 장애 치료)는 사실 고대에 문명이 시작되었을 때부터 중요한 연구 분야였는데, 페르시아 의학에서 권장하던 치료용 식재료가 아몬드, 코코넛, 피스타치오, 대추야자, 순무, 양파, 누에콩, 강낭콩이다(Ghadiri&Gorji, 2004년). 이 논문에는 강낭콩의 학명이 기재되어 있긴 하지만 자세한 내용은 불분명하다. 결국 언제부터 '고환 모양'의 콩이 언급되기 시작했는지조차 알 수 없다.

프랑스인들은 민간요법으로 신장병이나 방광 질환 등에 강낭콩을 특효약으로 애용했다(Palaiseul, 1973년). 한편 강낭콩의 원산지에서 번영한 마야 문명에서는 딸꾹질에 효과적인 약으로 여겨졌다(Roys, 1931년).

콩과 | 강낭콩속

강낭콩

Phaseolus vulgaris

원산지	아메리카(상세 불명)
재배 역사	상세 불명
생활사	1년생
개화 기간	5~7월

생육 양상 및 성질

언제나 활기가 넘쳐 초여름이 되면 뛰쳐나갈 듯한 기세로 성장한다. 노린재들이 한발 앞서 수확하기 위해 떼를 지어 몰려오니, 긴장을 늦추어서는 안 된다. 튼튼하게 성장하기 위해서는 지주대가 필요하다.

볼로티빈

볼로티빈(덩굴성)

볼로티빈의 꽃

특기 사항

에도 시대인 1654년에 귀화승이었던 인겐 선사가 일본에 들여왔다고 하여 이 같은 이름이 붙여졌지만(일본어로 강낭콩은 '인겐마메'라 발음된다. ─옮긴이) 그 이전부터 있었다는 설도 있다. 수확기는 여름이지만 기본적으로 서늘한 기후에서 잘 자라기 때문에 홋카이도산이 일본 생산량의 90퍼센트를 차지한다.

비타민 B₁ 애호가

강낭콩에는 양질의 단백질, 비타민 C, 카로틴류, 식이섬유 등이 듬뿍 함유되어 있다. 칼슘, 철분, 아연 등 미네랄도 풍부하다.

흥미로운 것은 비타민 B₁이다. 우리가 섭취하는 탄수화물을 에너지로 변환하는 중대한 일을 가볍게 해낸다. 또한 피부와 점막을 보호하여 건강한 균형을 유지해 주는, 참으로 고마운 물질이다. 강낭콩은 스스로 비타민 B₁을 합성하는데, 강낭콩에 비타민 B₁을 추가로 공급하자 꽃의 수와 수확량이 크게 늘었다(飯島, 1955년). 생육기에 맞추어 잎과 토양에 공급하면 매우 효과가 좋다.

콩은 기본적으로 독성을 지닌다. 충분히 익히지 않은 콩을 먹고 집단 식중독에 걸리는 사고가 일본을 비롯한 전 세계 각국에서 발생하고 있다. (내가 지은 『身近にある毒植 物たち우리 주변의 유독 식물』, 〈いずれもサイエンス・アイ新書〉 외 여러 자료에서 언급하고 있는 사실이다) 증상이 오래가지는 않지만 극심한 구토와 복통에 시달리게 된다.

마지막으로 강낭콩의 품종에 대해서도 알아보자. 일반적으로 알려진 것은 덩굴을 쭉쭉 뻗는 덩굴성으로 수확량도 많다. 색다른 모양새로 보는 이를 매료시키는 품종도 있어 재배하는 과정이 즐겁다. 지주대를 세우는 것이 귀찮은 사람에게는 많이 커지지 않는 왜성종(矮性種)을 추천한다. 그중에서도 붉은강낭콩은 관상용으로도 재배될 만큼 예쁘다. 붉은 꽃과 귀여운 콩을 보는 재미가 있다. 성격도 매우 독특해, 발아 시기에 다른 강낭콩들이 쌍떡잎을 지상에 활짝 펼치는 동안 붉은강낭콩은 몹시 부끄러워하며 땅밑에 잎을 펼친다.

강낭콩의
기능성 성분 예

— 탄닌, 비타민 B_1 · C

— 아스파라긴

— 안토시아닌류, 칼슘

콩깍지째 먹는 강낭콩

· 탄닌은 강한 쓴맛을 내며 곤충이나 동물의 영양 흡수를 저해하는 '유해물질'이다. 식물은 감염병을 예방하고 소중한 씨앗을 활성 산소 등으로부터 보호하기 위해 탄닌류 물질을 생산하는데, 이것이 인간 세포의 소중한 지질과 DNA 등을 활성 산소로부터 보호한다.

· 비타민 B_1은 탄수화물 대사에서 맹활약한다. 신경계와 뇌는 탄수화물을 에너지원으로 삼기 때문에 비타민 B_1이 매우 중요하다. 탄수화물이 많은 식사나 음주 등을 계속하면 일꾼인 비타민 B_1이 부족해져 신경염이 생길 수 있다.

· 예로부터 강낭콩이 신장병, 방광 질환, 남성 성 기능 장애를 개선하는 데 효과가 있다고 알려진 까닭은 아스파라긴의 독소 배출 효과와 피로 회복(대사 촉진) 효과 덕분으로 보인다.

호랑이 무늬를 가진 볼로티빈

볼로티빈은 이탈리아산 유명 품종이다. 줄기에 달려 있는 소박한 모습에서 순수한 상냥함이 느껴진다. 콩과 콩깍지에 특징적인 무늬가 있다. 부드러운 식감이 훌륭하다는 평을 받으며, 조림과 수프로 사랑받고 있다.

볼로티빈(비덩굴성)

볼로티빈(비덩굴성)의 꽃

♪ 고대 채소들이 연주하는 혼돈의 멜로디

오늘 우리 집 식탁 위에 조용히 섞여 있을지도 모르는 엔다이브. 일본에서의 수요는 20세기 후반부터 꾸준히 증가하고 있으나, 그 인지도는 낮아 화려한 칭찬을 받는 일이 거의 없다.

고대 지중해 세계에서는 가장 오래전부터 재배하기 시작한 식물 중 하나로 알려져 있다. 한편 고대 이집트에서는 약초로서 활약했다. 이것이 아시아와 유럽 각지로 퍼져 나가 오늘날 프랑스, 벨기에, 이탈리아 요리에서 맹활약 중이며, 동남아시아 국가에서도 높은 인기를 자랑한다. 그야말로 뛰어난 맛의 채소다.

매력적인 엔다이브의 맛을 이야기하기 전에, 우선 복잡한 관계를 정리해 두자. 엔다이브는 치커리(102쪽)에서 파생된 '혈연'에 가깝다. 당연히 모습도 비슷하기에 세계 각국에서 '뭐가 엔다이브고 뭐가 치커리인지' 혼란스러워한다. 이야기를 복잡하게 만든 장본인은 아무래도 프랑스 사람들인 듯하다. 엔다이브는 불어로 시코레(chicorée: 치커리와 발음이 비슷), 치커리는 불어로 안디브(endive: 엔다이브와 발음이 비슷)다. 실제로 프랑스 요리에서의 호칭이 그대로 각국으로 퍼져 나가고 있다. 프랑스에서는 치커리, 미국에서는 엔다이브라고 부르지만 실제로는 이 둘이 같은 품종인 엉뚱한 상황이 발생하는 것이다. 새로운 품종이 등장할 때마다 가드너는 '그래서 이게 뭐라고?'를 되뇌며 흉기로도 쓸 수 있을 법한 두꺼운 원예사전과 사투를 벌인다. 즉 '이것과 저것을 교배했다'라는 정보를 토대로 국내외 원예사전에서 각각의 유래를 조사한다. 물론 가드너가 아니라면 크게 걱정할 필요는 없다. 일반적으로 알려진 엔다이브는 크게 두 종류로, 잎끝이 구불구불한 품종과 잎이 넓은 품종으로 나뉜다. 혼란의 주인공은 후자. 일본에서 널리 유통되고 있는 것은 전자인 잎끝이 구불구불한 품종이다.

국화과 | 치커리속

엔다이브

Cichorium endivia

원산지	지중해 연안
재배 역사	2,000년 이상(상세 불명)
생활사	1년생
개화 기간	6~7월

생육 양상 및 성질

일본 간토 이남 지방에서는 겨울에도 노지에서 재배할 수 있다. 헝클어진 곱슬머리처럼 구불구불한 모양이 겨울 마당을 아름답게 장식한다.

씨앗

특기 사항

일본에는 17세기 말에 들어왔지만, 인지도는 지금도 그다지 높지 않다. 가을에 씨앗을 뿌리면 겨울에 수확할 수 있고, 수경재배가 용이하여 '공장형 생산'도 활발하다. 연백재배(빛을 차단해 줄기나 잎을 희고 연하게 만드는 방법. ─옮긴이)를 하지 않으면 상당히 쓰지만, 익숙해지면 맛있게 느껴지니 신기할 따름.

샐러드 세계의 명지휘자

앞서 구구절절 설명했지만, 엔다이브와 치커리를 명확하게 구별하는 장점 혹은 이점은 현재로서는 없다. 하지만 '직접 재배하여 수확하고 싶은' 사람에게는 중요한 문제다. 엔다이브는 1년생으로 매년 씨앗을 뿌려야 한다(치커리는 다년생). 또 엔다이브는 재배가 쉽고 성장이 매우 빨라, 서리가 내리는 한겨울에도 쑥쑥 자라서 기특할 따름이다(치커리는 천천히 자란다).

엔다이브는 쌉싸름한 맛이 매력이라고 했는데 평범하게 키우면 엄청난 쓴맛이 난다. 대규모로 재배할 때는 수확하기 1~2주 전에 햇볕을 차단함으로써 쓴맛을 줄인다. 식물 공장에서는 수경재배한 엔다이브를 쓴맛 완화 처리를 하여 자른 채소 팩(여러 채소들이 섞여 있으며 저렴한)에 담기기도 한다. 어쨌든 비타민, 미네랄, 식이섬유가 풍부한 건강 채소일 뿐만 아니라 그 쌉싸름한 맛이 다른 식재료를 한층 돋보이게 한다.

일본인들이 싫어하는 쓴맛 성분은 절단면에서 나오는 유액에 있다. 치커리와 상추에도 함유된 위대한 약효 성분으로, 자세한 내용은 각 항목에서 소개한다. 일단 이 낯선 채소를 맛있게 먹는 방법은 의외로 생으로 먹는 것이다. 엔다이브를 볶으면 비타민 등의 영양소 손실이 두드러진다. '흐르는 물에 유액을 잘 씻어 내면' 쓴맛을 줄일 수 있지만 유액에 함유된 중요한 약효 성분이 사라져 엔다이브를 즐기는 보람도 같이 사라진다. 결국에는 드레싱이 해답(堀江秀樹, 2011년). 식초 성분이 쓴맛 나는 물질의 발생을 억제해 시식 실험에서도 '쓴맛이 줄었다'라고 응답하는 사람이 많았다.

그리고 잘 알려지지 않은 정보 하나를 공유한다. 서리를 맞은 엔다이브나 치커리는 단맛이 강해져서 맛이 좋다. 직접 키우는 사람만이 누릴 수 있는 즐거움이다.

엔다이브의

기능성 성분 예

— 하이드록시신남산 유도체류

— 세스퀴테르펜 락톤류

— 비타민 A · C, 칼륨

- 이탈리아의 한 연구팀은 하이드록시신남산 유도체류가 엔다이브에 함유되어 있다고 발표했다. 화장품의 원료(미백, 자외선 차단 등)로 유명한 성분이다.

- 세스퀴테르펜 락톤류는 특히 다양한 효능을 발휘하는 성분이다. 치커리(105쪽)와 상추(191쪽)에서 자세히 설명하고 있으니 참고하면 된다.

- 비타민과 미네랄도 풍부하고, 항산화 작용도 뛰어나다.

- 중국의 한 연구팀은 엔다이브 추출액에서 간을 보호하는 기능성 성분인 캄퍼롤을 발견했다(Chen 외, 2011년). 간 질환의 예방 및 치료는 그 수단이 한정적이어서, 간 질환을 간편하게 예방할 수 있는 새로운 선택지로서 엔다이브가 주목받고 있다.

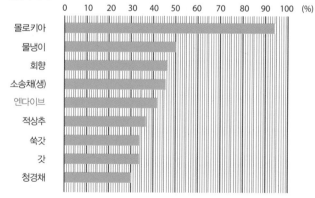

항산화력 비교

(우에즈 에이코(上江洲榮) 외, 2005년에서 발췌 및 구성)

버릴 곳 하나 없는 건강식품

히비스커스의 친척뻘답게 위풍당당 멋지게 서 있는 모습이나 아름다운 꽃의 매력까지, 오크라는 가드너라면 누구나 탐내는 채소다. 아프리카 서부가 고향이어서인지 척박한 환경에서도 꿋꿋하게 버티고, 산성부터 약알칼리성까지(ph 5.5~8.0) 토질도 가리지 않고 적응한다. 반면 추우면 잘 자라지 못하고 일본의 해충에도 약하다.

원산지인 아프리카에서는 집에서 만들어 먹는 조림 요리에 자주 사용된다. 무척 맛이 좋은데 일본에서 먹는 것과 달리 오크라의 감칠맛이 깊다. 중동과 인도에서도 대단히 인기가 높다.

세계로 눈을 돌리면 뿌리부터 열매까지 빠짐없이 이용되고 있다. 인도나 네팔에서는 잎도 식용으로 쓰인다. 인도의 전통 의학인 아유르베다에서는 꽃, 씨앗, 뿌리의 추출액을 진경제(경련을 진정시키는 약. -옮긴이), 발한제(땀이 잘 나게 하는 약. -옮긴이), 이뇨제, 강장제, 상처 치료제로 사용한다(Kumar 외, 2013년). 원산지인 아프리카에서도 전통적으로 약용으로 쓰였으며 미숙한 열매는 카타르성 염증(점막표면을 침범하여 대량의 점액배출과 표피붕괴를 특색으로 하는 염증의 한 형태. -옮긴이), 배뇨 곤란, 임질의 치료제로, 완숙 씨앗은 진경제, 흥분제로 사용됐다(『Handbook of African Medicinal Plants아프리카 약용식물 핸드북』 제2판, 2014).

특히 씨앗은 귀하게 여겨진다. 건조하여 구운 것은 무카페인 커피로 먹는다. 씨앗에서 채취되는 기름은 조리용으로 쓰이는데, 리놀레산으로 대표되는 필수지방산(체내 합성이 불가능해 반드시 섭취해야 하는 지방산. -옮긴이)의 보고라 할 수 있다. 가장 특이한 이용처는 물 정화 설비일 것이다. 말린 씨앗을 분말로 만들어 오수나 탁수를 정화하는 데 쓴다.

오크라를 수확한 후 덩그러니 남겨진 줄기도 귀중한 자원으로 섬유의 원료가 된다. 마치 오크라 꽃처럼 아름다운 크림색 종이가 만들어진다고 한다.

책장을 넘기면 드디어 오크라의 끈적이는 식감에 관한 이야기가 펼쳐진다.

아욱과 | 오크라속

오크라

Abelmoschus esculentus

원산지	아프리카 대륙 동북부
재배 역사	800년 이상
생활사	1년생
개화 기간	6~9월

생육 양상 및 성질

사막 지대 출신답게 물이 끊겨도 잎이 시들지 않지만, 역시 상태는 나빠져 성장을 멈춘다. 재배를 위해 개량한 품종은 비료도 많이 필요하지만 그만큼 결실도 많다.

힐 컨트리 레드

힐 컨트리 레드

힐 컨트리 레드의 씨앗

특기 사항

에도 시대 말기부터 메이지 시대 초기에 걸쳐 일본에 들어왔다. 오랫동안 호사가들이 관상용으로 재배하는 데 그쳐 식용으로 쓰이는 일은 드물었다. 이제는 텃밭에서도 많이 키우며 해외에서 새로 들어온 품종도 많다.

❖ 아름다움의 비결은 끈적끈적함에 있다

오크라라는 이름은 서아프리카 현지어 '은크라마'라는 발음에서 유래한 영문명으로, 세계 공통어라고 한다. 그런데 언젠가 아프리카에 방문했을 때 오크라를 가리키며 "아, 오크라네요."라고 말했는데, 현지인이 불어로 "그게 뭐죠? 처음 듣는데."라고 웃으며 답하는 바람에 몹시 민망했다. 단, 그 끈적이는 식감을 사랑하는 점만은 확실히 세계 공통인가 보다. 현지의 한 여성은 웃음을 띤 얼굴로 끈적이는 오크라를 수저로 주욱 들어 올리며 이렇게 말했다. "곰보(오크라의 불어명)는 몸에 좋아요. 피부에도 좋아서 저는 자주 먹어요."

그 끈적끈적함의 정체가 확실히 밝혀지지는 않았다. 두 종류의 산성 다당과 당단백질로 이루어져 있으며 그 분자량이 1,000만에 이르는 거대 화합물이라는 사실 정도만 알려져 있다. 조직의 내용물이 바깥으로 나오면서 점액이 생긴다고는 하나 시시각각 변화하기 때문에 추적이 힘들다.

일반적으로 이 점액질을 먹으면 소화 흡수가 잘되고 혈액 순환이 개선되며 장이 깨끗해진다고 알려져 있다. 그럼 점액질이 오크라 자신에게는 어떤 작용을 할까, 하는 의문이 들어 조사해 보니 역시나 하는 일이 있었다.

레피디모이드(lepidimoide)라는 물질은 큰다닥냉이라는 식용 식물의 씨앗에서 발견됐다. 큰다닥냉이의 씨앗은 자신이 발아할 때 주변 식물의 뿌리까지 성장시킨다. 이 성장 촉진 물질이 바로 레피디모이드로, 뿌리뿐만 아니라 식물 전체의 발육을 촉진하고 광합성을 왕성하게 하며 노화 진행도 억제한다. 레피디모이드는 다양한 식물에서 발견되었지만 그중에서도 오크라의 미숙 열매 속 점액질에 풍부하다(広瀬克利, 2003년). 식물의 성장을 촉진하는 작용 때문에 농업 자재로 기대를 한몸에 받고 있다. 아름다움의 비결에도 한 발자국 더 가까워진 것 같다.

한편 오크라는 미숙 열매를 수확하여 먹는데 수확 적기가 5일 정도로 매우 짧다. 아름다움과 맛의 타이밍은 실로 찰나와 같은 것이다.

오크라의

기능성 성분 예

─ 퀘르세틴

─ 엽산

─ 비타민 B_1 · B_2 · C · E · K

오키나와 오크라

* 퀘르세틴은 다수의 한약재에 함유된 특수한 성분이다. 항종양 및 항산화 작용이 강한 것으로 평가받는다. 혈관을 이완시키는 작용도 알려져 있는데, 혈액 순환을 개선함으로써 심장병과 뇌경색 예방 효과가 기대된다. 나아가 체지방을 줄이는 작용도 알려져 비만 개선 및 예방 효과가 연구되고 있다. 오크라 외에 양파도 퀘르세틴을 다량 함유하는데, 이는 자외선 피해를 억제하거나 병균 등으로부터 자신을 보호하기 위한 것으로 알려져 있다.

* 비타민 B_1은 신경계 기능을 보호한다. 비타민 B_2는 피부와 점막의 재생과 유지에 필수적이다.

* 그 밖에 46쪽에서 언급했던 레피디모이드가 함유되어 있다. 인간 체내에 어떤 영향을 끼치는지는 불분명하지만, 유용 식물의 성장을 촉진하는 작용 때문에 농업 및 원예 분야에서의 쓰임이 기대된다.

'다윗의 별'이라 불리는 오크라

'다윗의 별'은 이스라엘의 전통 품종으로 알려져 있다. 힐 컨트리 레드와 마찬가지로 거대한 꼬투리가 차례대로 기세등등하게 자라난다. 그다지 맛이 없어 보이지만 먹어 보면 맛있다. 국물이나 조림 요리와 궁합이 뛰어나다. 단면이 유대 민족을 상징하는 심볼인 다윗의 별과 비슷하기 때문에 '다윗의 별'이라는 이름이 붙었다.

감기에 좋은 익살꾸러기 잭

핼러윈 하면 떠오르는 익살스러운 표정의 호박. 그러나 이 '잭 오 랜턴 (Jack-o´-lantern)'의 시초는 사실 순무였다. 유럽에서 북아메리카로 이주가 시작될 무렵, 잭 오 랜턴으로 만들 순무를 구할 수 없었던 이주민들은 어쩔 수 없이 주변에 자생하는 호박으로 대체했다. 그것이 영국으로 역수입되어 오늘날에 이른다. 원조 잭 오 랜턴은 상당히 앙증맞은 크기였을 것으로 짐작된다.

순무는 고대 그리스 로마의 군주와 현자는 물론 일반 시민들에게서 도 큰 사랑을 받았다. 그런데 중세에 들어서자 세간의 평판은 180도 바뀐다. 당시 유럽 의학계에서 높은 권위를 자랑하던 의학서 『Regimen sanitatis Salernitatium살레르노 학파의 양생훈』은 순무에 대해 다음과 같이 혹평한다.

"순무는 복부에 가스를 차게 만들고 치아를 흔들리게 한다. 신장을 상하게 하며 잘못 조리하여 먹으면 소화 불량을 일으킨다."(Hikey, 1990년)

똑똑한 서민들은 지식층의 헛소리를 한 귀로 흘리고 순무를 가정에서 감기약으로 애용했다. 당시의 섭취 방법을 소개한다. 순무를 얇게 썰어 접시 위에 나란히 놓고 설탕을 뿌린다(흑설탕을 사용하는 지역도 있다). 하루에서 이틀 정도 두면 접시에 즙이 고이는데 이를 한 스푼 떠서 마신다(Olivier&Edwards, 1930년). 이 방법은 영국에서 널리 이용되었다. 미국의 제조법은 조금 더 간단하다. 곱게 간 순무에 꿀을 섞어 마시면 감기에 효과가 있다고 전해진다(Stout, 1936년).

현대 지식에 따르면 순무에는 비타민 C가 풍부하다. 감기에서 빨리 낫기 위해서는 비타민 C를 효율적으로 보충해야 하는데, 당분을 함께 섭취하면 더욱 효과적이라고 한다. 오래전부터 잭 오 랜턴은 정원에서 살며 가족의 건강을 지켜 온 것이다.

배추과 | 배추속

순무

Brassica rapa subsp. rapa

원산지	유럽, 아프가니스탄(상세 불명)
재배 역사	2,000년 이상
생활사	1년생
개화 기간	3~5월

생육 양상 및 성질

'마이웨이'의 느긋한 성질. 장소를 가리지 않고 어디서나 건강하게 자라 좋은 친구가 된다. 꽃도 사랑스럽다. 신선한 순무로 만드는 초절임은 별미. 기능성 성분도 충분히 섭취할 수 있다.

신킨토키나가 순무

쇼고인 순무

도쿄나가 순무

특기 사항

고대 일본과 중국에서는 흉년이 들 것 같은 해에 순무를 심어 어려움을 이겨 냈다고 한다. 중국의 지략가 제갈공명이 전쟁 중에 순무를 심게 했다 하여 '제갈채'라는 이름도 붙었다. 일본 각 지방에서 재배하는 고유의 독특한 품종들은 여행의 재미를 더한다.

❀ 1층은 식이섬유, 2층은 각종 비타민입니다

순무는 '아낌없이 주는 나무' 같은 박애주의적 태도로 찜, 구이, 탕, 즙 등 다양한 요리법에 순응하며 온갖 조미료를 묵묵히 받아들인다. 씨앗을 뿌려 놓으면 알아서 잘 자라기 때문에 지금도 절대적인 인기를 얻고 있다.

한편 순무의 뿌리(정확히는 배축(胚軸)이다. 우리가 먹는 순무는 줄기의 일부가 두꺼워진 것이다)와 잎은 그 함유 성분에 뚜렷한 차이가 있다. 정말 신기할 정도로 다르다.

배축에는 식이섬유 외에 비타민 C, 칼슘, 아밀레이즈(녹말을 분해하는 효소)가 있다. 한편 잎에는 비타민 B₁, B₂, C 외에 칼슘, 칼륨, 베타카로틴이 풍부하게 들어 있기 때문에(『5訂日本食品成分表일본 식품성분표 5개정판』) 버리기엔 너무 아깝다. 잎에 들어 있는 칼슘의 경우 그 양이 시금치의 4배에 달한다. 이쯤 되면 훌륭한 녹황색 채소다. 실제로 미국에서는 잎을 채소로 판매하고 있다.

햇볕이 잘 드는 곳에 심어 주면 비타민 C의 생산량이 부쩍 늘어난다. 비타민 C는 세포 조직을 활성 산소의 공격에서 보호하고, 피부 탄력과 윤기에 필수적인 콜라겐의 형성을 돕는다. 암의 발생을 억제하고 세포 수명을 늘려 준다는 이야기도 있다. 그런데 순무에서 항산화 작용이 가장 활발한 부위는 의외로 꽃눈이었다(Fernandes 외, 2007년). 물론 이 꽃눈도 맛있다.

순무를 약용으로 삼은 것은 일본인도 마찬가지. 가벼운 동상에는 순무를 갈아서 발랐다. 또 씨앗을 갈아 식초와 섞어서 바르면 피부색이 좋아지고 심지어 탈모(머리, 눈썹)에도 효과가 있다고 한다(『新訂原色牧野和漢薬草大図鑑원색목야화한약초대도감 신정』). 한편 순무는 일본의 토종 채소로 여겨지기 쉽지만, 대부분은 해외에서 들어온 품종을 개량한 것이다.

순무의

기능성 성분 예

— 식이섬유

— 아밀레이즈

— 비타민 $B_1 \cdot B_2 \cdot C$

새싹

- 식이섬유는 '제6의 영양소'라 평가될 정도로 중요하다. 이유는 장내 환경(미생물이나 장 조직)을 정돈하기 때문이다. 이는 비만 예방, 면역 기능 향상, 혈액 순환 개선 등을 기대할 수 있는 작용이다. 식이섬유에는 수용성과 불용성이 있는데, 순무는 양쪽 모두 생성한다.

- 수용성 식이섬유는 소장에서 젤리 같은 상태로 변해 여분의 당질이나 지방분 등을 감싸 배설 기관으로 운반한다. 게다가 장 점막 조직의 기능을 돕기 때문에 대단히 중요하다. 반면 불용성 식이섬유는 소장에서 소화되지 않고 대장의 미생물이 분해한다. 이 과정에서 미생물이 생산한 물질을 대장 점막 조직이나 다른 미생물이 에너지원으로 삼는다.

- 식이섬유로 장 점막을 튼튼하게 만들면 그 보상이 크다는 사실은 누구나 검증 가능하다.

무를 능가하는 능력자

일본에는 80종이 넘는 품종의 순무가 전국 각지에서 재배되고 있다. 적색, 흑색 순무에는 안토시아닌류가 풍부하게 함유되어 있어 몸에도 매우 좋다. 순무의 근연종(近緣種)인 무에도 녹말의 분해·흡수를 촉진하는 아밀레이즈가 풍부하지만, 그와 동등하거나 훨씬 많은 아밀레이즈를 생성하는 순무 품종이 드물지 않다.

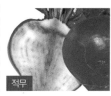
적무

신킨토키나가 순무

호박 대왕의 소동극(狂騷曲)

일단 호박과 인간이 만나면 이야기가 조금 재미있어진다. 서로 본래의 목적을 까맣게 잊고 이리저리 엇나가기 때문이다.

만화 『스누피』에 등장하는 천재 라이너스는 핼러윈에 강림하는 호박 대왕을 몹시 두려워했다. 같은 미국이라도 앨라배마주의 아이들은 다른 것을 두려워한다. 야뇨증을 치료하기 위해 마시는, 호박씨로 만든 허브차다(Browne, 1958년). 꽤 자주 마셔야 하는 데다 맛도 끔찍한 모양인지, 엄마와 호박이 동시에 등장하면 아이들은 비명을 지르며 달아나고 엄마는 이를 쫓아다닌다. 밤이면 밤마다 온 동네 가정에서 요란한 호박 소동극이 벌어졌을 것이다.

신기하게도 같은 것을 어른이 마시면 정반대의 작용이 일어난다.

앨라배마주에 사는 미국 원주민들은 지금도 이뇨제로써 호박씨로 차를 끓여 마신다. 그들은 호박씨를 우린 차가 신장에 매우 좋다고 말한다(Browne, 전게 논문).

즉 여기서 주역은 우리에게 친숙한 과육이 아니라 씨앗이다. 원산지 중 하나인 고대 멕시코에서는 밍밍한 과육은 모두 내다 버리고 씨앗만 꺼내 구워 먹었다. 수꽃도 삶거나 튀겨서 즐겼다고 한다(『野菜園芸大百科 第2版채소원예대백과 제2판』 제5권).

일본의 채소 가게에서는 그다지 대단하지 않고 오히려 다소 하찮게 여겨지고 있지만, 세계 여러 나라의 밭이나 가정에서는 각별하게 여겨지는 맛있는 건강 채소다. 그 품종은 셀 수 없이 많아 기르는 방법도 각양각색이다. 세계 역사상 가장 큰 호박은 약 1.2톤이었다(2016년, 독일). 이렇게 큰 열매를 맺는 채소는 들어 본 적도 없는데, 그렇게까지 큰 열매를 맺어서 인간이나 호박이나 어쩌자는 걸까.

박과 | 호박속

호박

Cucurbita moschata

원산지	아메리카 대륙
재배 역사	6,000년 이상
생활사	1년생
개화 기간	5~7월

생육 양상 및 성질

영양분의 보고인 만큼 늘 동물들의 표적이 된다. 아름답고 건강하게 기르기 위해서는 비료를 추가하고, 벌레를 쫓고, 지주대를 세워 햇볕을 골고루 받도록 해야 하는 등의 수고가 필요하다.

스쿠나 호박

사진 제공: 스즈키 타카토

'신데렐라'의 꽃

특기 사항

덴쇼 4년(1576년) 일본에 들어와 나가사키에서 다수 재배되었다. 겐와 연간 (1615~1624년)에는 도쿄까지 진출했지만, 유독 식물일지도 모른다고 여겨졌기에 먹는 사람은 적었다.

⚕ 대지가 낳은 거대한 제약 생물

호박씨는 아무튼 크다. 발아도 빠르고 빼꼼히 얼굴을 내미는 쌍떡잎도 두툼하고, 그리고 아무리 봐도 역시 크다. 씨앗의 내용물은 보나마나 영양 만점임에 틀림없다.

중국을 여행했을 때 주전부리로 여러 종류의 씨앗을 먹으며 걸었다. 그 중에서도 특히 맛있었던 것이 호박씨인데, 중국에서는 이 호박씨를 항우울 제로 사용한다(Rowland, 2003년). 또한 남성의 ED치료제로도 주목받고 있다 고. 전립선을 강화하고 내분비 기능을 높이며, 호르몬의 정상적인 분비를 촉진한다. 또한 호박씨에는 미오신(myosin)도 함유되어 있다(Chye, 2006년). 미오신은 근육의 수축 운동에 필수적인 물질이다.

당뇨병 치료에 효과적이라는 연구 결과가 많은데, 특히 주목받는 것이 호박 과육에 함유된 다당류(polysaccharides)다. 호박 과즙의 항암 작용을 알아 보기 위해 실험 쥐를 이용해 실험을 진행한 결과, 악성 흑색종, 에를리히 복 수, 백혈병에 유효성을 나타냈다. 생소한 병명들이지만 결국 호박 과즙이 암세포 증식을 억제했다는 연구 결과(Ito 외, 1986년)로, 면역 기능을 한층 높 인다는 보고도 있다. 과육에 함유된 다당류에 의해 인간의 비장 내 림프구 가 급증하면서 NK세포(natural killer cell의 약자로 번역하면 자연 살해 세포. 생체 방어 기능을 한다. -옮긴이)의 수가 많아졌다는 것이다(Xia 외, 2003년). 나아가 신경전달물질인 감마 아미노뷰티르산도 생성하고 있다. 흔히 가바(GABA) 라 불리는, '스트레스 사회를 살아가는 당신을 위해'라는 광고 문구와 함께 초콜릿 등의 온갖 가공식품에 첨가되어 맛있는 고혈압약 및 신경 안정제로 서 한 시대를 풍미했던 바로 그 물질이다. 호박의 효능은 그 외에도 한없이 다양하다.

호박의

─ 다당류, 카로티노이드류

─ 비타민 $B_1 \cdot B_2 \cdot C \cdot E$

─ 아연, 망간, 철

미니 단호박

• 다당류(多糖類)란 이름 그대로 단당(單糖)이 여러 개 모인 것으로 종류가 다양하다. 호박이 생성하는 것은 고기능 다당류. 혈당 수치를 낮추고 인슐린을 증가시켜 당뇨병 및 그로 인한 각종 질환을 예방하고 개선한다. 또 혈중 콜레스테롤과 지방을 감소시키기도 한다. 또한 림프구의 증식을 돕거나 NK세포의 활동을 돕는 등 면역계에도 깊이 관여함으로써 종양을 예방하거나 개선한다(Caili 외, 2006년. 동물 실험 결과).

• 강력한 항산화력이 있는 카로티노이드류나 비타민, 신진대사에 관여하는 미네랄은 도저히 열거하기 어려울 정도로 종류가 방대하다. 그야말로 '밭의 제약 공장'이라 할 수 있을 정도로 놀라운 채소다.

씨앗도 맛있는 보물 상자

호박씨는 세계 각지에서 식용으로 쓰이며, 그 외에도 씨앗에서 짠 생오일은 샐러드용으로 즐기기도 한다(짙은 녹색을 띠며 독특한 풍미가 있다). 영양소가 대단히 풍부하여 칼슘, 칼륨, 인, 마그네슘, 망간, 철, 아연 외에 각종 비타민과 리놀레산의 보물 창고다. 소금 간을 하여 볶아 먹어도 별미.

🌱 인간과 호박의 신기한 하모니

호박의 효능은 계속해서 이어진다. 실험을 통해 항산화 작용, 구충 효과, 항변이원성 작용(이후 고구마를 다루는 72쪽에서 자세히 소개) 등도 할 수 있으리라는 가능성을 내비쳤으며, 성인병 예방에도 효과적일 것으로 기대된다. 이렇게나 몸에 좋으니 닥치는 대로 먹고 보자는 이야기로 흘러갈 듯하지만, 의외의 반전도 있다.

특히 효능이 높다고 여겨지는 씨앗의 경우 구체적인 내용은 더 연구가 필요하긴 하나 여러 유해물질이 함유되어 있다고 밝혀졌다. 실험 쥐와 병아리를 이용한 독성 실험 결과 실험 동물들의 신체에 손상을 입혔다고 한다 (성인이 보통 먹는 양으로는 해가 되지 않는다고 여겨진다). 과육의 자극성에 대해서는 알려진 바가 없으나, 아무튼 적당량을 섭취하는 것이 바람직하겠다.

한편 호박은 그 종류가 엄청나게 다양하다. 때로는 '헌드레드웨이트(100파운드, 즉 45킬로그램까지 자란다는 뜻으로 큰 호박을 만들기 위해 개량된 품종이다. -옮긴이)'와 같이 수확하는 데 몇 사람이나 필요한 거대종도 있다. 그렇게까지 자라나려면 많은 환경 스트레스를 이겨 내야 하는데, 사실 호박은 겉보기와는 달리 묵묵히 새로운 화학 방위 기능을 발달시키고 있다. 그 결과 거대한 제약 공장 같은 존재가 된 것이다.

다양한 호박 품종 중 페포 호박은 장난감 호박이라고도 불리며 주로 관상용으로 재배된다. 열매는 소프트볼 정도의 크기로, 색깔과 모양이 마치 훌륭한 공예품 같다. 품종이 다양하여 고르는 즐거움이 있으며 재배도 소박하게 할 수 있어 큰 수고도 들지 않는다. 극히 일부가 식용으로 쓰이기도 하지만 주로 관상용으로 이용되거나 가축용 사료로 쓰인다.

이렇듯 호박과 인간은 본래의 생태계 운영 목적에서 서로 벗어나도 한참 벗어났다. 그래도 여전히 사이좋게 지내고 있다.

놀고 즐기고 힐링까지

관상용 장난감 호박은 주로 테이블이나 책상에 올려 둔다. 촉감이 독특하여 가끔 주물럭거리며 갖고 놀기도 하는데 그러면 왠지 지친 마음이 사르르 녹아 신기하다. 문득 내년에도 키우고 싶어지는 '볼수록 매력적인' 채소.

엄마, 아기는 어디서 와?

양배추 농가는 밭을 노리는 해충과 동물을 퇴치하느라 언제나 분주하다. 하지만 아일랜드 농부들이 특히 두려워했던 것은 핼러윈이었다. 밤이 되면 양배추밭에 젊은 남녀들이 몰래 들어와 양배추를 송두리째 서리하기 때문이다. 무엇 때문인고 하니, 연애운을 위해서다. 양배추에 묻어 있는 흙이 많을수록 부유한 이성을 만나고, 줄기가 길수록 키가 큰 상대와 맺어진다고 한다(R. Vickery, 2001). 양배추로 점을 보고 난 후에는 연애운을 핑계로 외출한 남녀가 몰래 만나 사랑을 나눈다. 심지어 내심 좋아하던 사람과 밭에서 딱 마주치기라도 한다면? '아기는 양배추밭에서 온다.'라는 서양의 아름다운 이야기가 이제야 납득이 간다. 반면에 양배추 농가는 사랑에 눈이 먼 젊은이들 때문에 일어나는 농작 피해를 막기 위해 이날만큼은 울며 겨자 먹기로 불침번을 섰다고 한다.

양배추의 원종은 영국 동부 해안에서 지중해 연안에 걸쳐 지금도 씩씩하게 자라고 있다. 외형은 큰 유채꽃과 같고 줄기는 두툼하며 길게 자란다. 날것을 그대로 먹으면 매우 쓰다. 먹기 전에는 흐르는 물에 여러 번 씻는 것이 좋다고 한다. 기원전 2,500년에서 2,000년 사이에 재배되기 시작했으나 우리에게 친숙한 둥근 결구형(잎이 여러 겹으로 겹쳐서 둥글게 속이 드는 유형. 우리가 흔히 보는 양배추의 모양이다. -옮긴이)은 그보다 훨씬 이후에 등장한다. 이 야생종을 바탕으로 케일, 꽃양배추, 방울양배추, 사보이양배추 등이 생겨났다.

현대 일본의 술집 등에서는 안주로 친숙하지만, 사실 양배추는 고대 그리스·로마 시대부터 만취를 피하기 위한 술자리의 단골 손님이었다. 만취는 예로부터 극히 불명예스러운 범죄였고 음주를 매우 즐겼던 아스테카 문명권에서조차 극형으로 다스렸다. 평민은 만취하더라도 초범이면 대중이 보는 앞에서 머리카락이 잘리고 사는 곳이 약탈당하는 정도가 전부였다. 반면 귀족이 만취하면 초범이어도 사형을 당했다고 한다.

배추과 | 배추속

양배추

Brassica oleracea

원산지	지중해 연안
재배 역사	4,500년 이상
생활사	다년생
개화 기간	3~5월

생육 양상 및 성질

재배 자체는 간단하지만, 해충으로부터 보호하는 것이 꽤 고생스럽다. 벌레 먹은 잎도 먹어 보면 맛있다. 유채꽃보다 살짝 연한, 크림색이 섞인 부드러운 꽃 빛깔에 문득 마음을 빼앗긴다.

Tête Noire

사보이 양배추

특기 사항

기원전 2세기 로마인 대(大)카토는 엄격하기 그지없는 감찰관이었지만 한편으로는 열성적인 양배추 연구가이기도 했다. 그는 양배추가 87가지 질환에 효과가 있다고 주장하며 양배추를 아삭아삭 먹으며 살았다. 실제로 그는 자녀를 많이 낳았고 85세까지 장수했다고 한다.

✿ 자, 이제 기운을 낼 시간이야

양배추는 마치 인간의 청년기처럼 생명력이 넘쳐 흐른다. 고대 로마에는 '양배추 옆에서는 아무것도 자라지 않는다'라는 말이 있었을 정도로 대지의 축복을 담뿍 받아 크게 성장한다. 실제로 양배추의 뿌리는 둘레 1미터, 깊이 50센티미터 이상 자라 영양분을 끌어모은다. 좋은 양배추를 키우려면 풍부한 물과 비료가 필수다.

이렇게 잘 자란 양배추는 열심히 영양소를 만든다. 우선 S-메틸메티오닌 (S-methylmethionine: 일명 캐비진)은 체내에 필요한 단백질 합성을 촉진시킨다. 또한 소화기, 특히 위장 점막을 보호하고 개선한다. 이 성분은 인체 내에서도 생산되지만 배추과 채소(양배추, 브로콜리 등)를 통해 자주 섭취하는 것이 좋다고 한다.

비타민 K도 함유되어 있는데, 이는 출혈 등의 손상이 일어난 부위를 복구하는 기능을 한다. 이 비타민 K와 S-메틸메티오닌의 협동 작용은 생활 습관이 흐트러지기 쉬운 현대인의 체내 균형을 훌륭히 조정한다. 둘 다 열에 약하고 물에 녹기 때문에 생으로 먹는 것이 좋으며 만약 요리했을 경우 국물을 남김없이 먹는 것이 좋다.

만취를 억제하는 효과를 발휘하는 것은 비타민 B다. 숙취와 불쾌감을 완화하는 작용이 알려져, 일찍이 텍사스대학교에서는 알코올 중독 환자의 치료제로서 심도 있는 연구를 진행했다.

또한 2008년 8월 14일 일본의 후생노동성 연구팀이 배추과 채소를 중심으로 연구한 결과, 각종 채소나 과일을 매일같이 섭취하면 흡연 및 음주 습관이 있는 경우에도 식도암 위험이 3분의 1까지 떨어졌다고 보고했다. 일단 세세한 부분은 제쳐 두고, 일상 식단에 추가해 원기를 회복해 보는 것은 어떨까.

양배추의

기능성 성분 예

— S—메틸메티오닌

— 비타민 A · B_1 · B_2 · C · E · K

— 알릴 아이소티오시아네이트

· S—메틸메티오닌은 소화기 나아가 궤양을 예방하며 궤양 치료 효과도 있는 것으로 알려진다.

· 비타민 B는 숙취나 불쾌감을 완화하는 작용이 있다. 알코올 사용 장애의 치료제로도 주목받은 바 있다.

· 비타민 K는 지혈 작용을 하고 골다공증 예방 효과 역시 기대된다.

· 알릴 아이소티오시아네이트는 항균 작용이 매우 뛰어나다. 아일랜드를 비롯한 유럽 각지에서는 예로부터 감기 치료에 사용했다. 습진, 베인 상처, 화상, 타박상에는 양배추 잎을 굽거나 쪄서 발랐다. 모두 양배추의 기능 성분과 부합하는 뛰어난 지혜였다는 데 의심의 여지가 없다.

사워크라우트로 만들면 특별히 맛있는 양배추

양배추 발효식 사워크라우트는 맛있는 건강식품으로 주목받고 있다. 단, 일반 양배추로 만들었다가 생각보다 맛이 별로라 실망한 사람도 있을 것이다. 독일 필더 지방에서 나는 고깔 모양 양배추인 '뾰족한 양배추(spitzkohl)'로 사워크라우트를 만들었을 때 가장 맛이 좋다고 한다(이를 특별히 '필더크라우트'라고 부른다). 여기에 호박씨 오일을 떨어뜨려 즐기는 것이 중앙 유럽 국가식 요리법. 양배추는 신선하면 신선할수록 좋다.

영양학적으로 구박 받는 만병통치약

아주 오랜 역사를 지닌 오이는 세계 각지에서 다산의 상징으로 여겨지며, 두말할 필요도 없이 숭배의 대상이 되기도 했다.

채소가 '숭배'를 받으려면 우선 기적적일 정도의 매력이 필요하다. 오이의 경우 놀라운 수확량과 뛰어난 효능 덕에 존경을 받았다. 한편 어떤 자료들은 '비타민 C를 고려한다면 오이는 영양학적으로 그다지 뛰어난 것은 아니다'라고 핀잔을 준다. 이는 일반적으로 우리가 알고 있는 오이의 영양과 잘 맞아떨어지지만, 아름다움을 추구하는 이들이 기뻐하는 작용도 마찬가지로 잘 알려져 있다(64쪽 참고).

오이의 재배 역사는 너무 오래되어 원산지도 정확히 밝혀진 바 없지만 남아시아라는 것이 통설이다. 인도 문화권에서는 해열제, 체내 항상성 유지, 이뇨제, 강장제로 쓰이며 열사병 예방, 두통 치료, 심지어 불면증 개선에도 효과가 있다고 하여 일상의 피로감까지 덜어 주는 묘약으로 여겨진다(Nema 외, 2011년). 단, 일본의 품종과는 다르다는 점에 유의하길 바란다.

일본에도 다수의 품종이 존재하지만 마트 채소 코너에서 일반적으로 볼 수 있는 것은 백다다기 품종뿐이다. 한편 취청 품종도 있는데, 맛이 진하고 단단하여 장아찌로 만들면 일품이다. 마트의 절임류 코너에 있는 오이들은 대개 취청 품종인 경우가 많다.

직접 키우며 그 뛰어난 맛을 시험해 보면 어떨까.

박과 | 오이속

오이
Cucumis satives

원산지	인도, 네팔, 히말라야 주변
재배 역사	3,000년 이상
생활사	1년생
개화 기간	4~8월

생육 양상 및 성질

원예서의 기본 수칙을 따라 키우면 다 먹어치우지 못할 정도의 많은 양을 수확할 수 있다. 물과 비료를 탐내지만 너무 많이 주면 금세 병에 걸리므로 주의해야 한다. 바람이 잘 통하는 곳을 좋아한다.

사진 제공: 이와사키 미츠토시 · 다미에

취청 품종

백다다기 품종

특기 사항

일본어로 오이는 '황과(黃瓜)'라 쓰고 '큐리(キウリ)'라고 읽는다. 한자로 알 수 있듯이 옛날에는 노랗게 익혀서 먹었다고 한다. 오이는 6세기경 일본에 들어와 약초로 사용되었다. 원산지가 아프리카라는 설도 있지만 고대 로마의 문헌에 오이라 불린 것은 멜론 계열 식물이다(옥스퍼드대학교, 2011년).

✿ 아름다움을 탄탄하게 지원합니다

원산지 주변의 전통 의학인 아유르베다에서는 오이에 피부 미용 효과가 있다고 본다. 최근 연구에서도 오이 열매의 항산화 작용, 항엘라스테이즈 작용, 항히알루로니데이즈 작용이 인정된다고 한다(Neelesh 외, 2011년). 여기서 피부의 불가사의에 관해 간단히 복습해 보자.

건강하고 아름다운 피부에는 엘라스틴(elastin)과 히알루론산(hyaluronic acid)이 잔뜩 존재한다. 둘 다 표피나 표피 안쪽의 진피 조직 사이에서 세포 간 구조를 매우 견고하게 지탱하고 한편으로는 유연하게 움직이며 보수력을 유지함으로써 아름다운 피부를 만든다.

그런데 피부 건강에 이상이 생기거나 햇볕에 그을려 염증이 발생하면 면역세포의 일종인 호중구(好中球)들이 와글와글 모여든다. 이들은 먼저 엘라스테이즈라는 효소를 방출한다. 감염병 등이 생기지 않도록 병원균이나 이물질을 파괴하는 매우 든든한 효소다. 곤란한 점은 피부 탄력에 필수인 콜라겐을 지지하는 엘라스틴 또한 닥치는 대로 분해한다는 것이다. 세포들을 아름답게 배열하는 토대가 흔들리면서 절망적이고 보기 흉한 주름이 생기고 만다. 이를 제어하는 것이 바로 항엘라스테이즈 작용이다.

히알루로니데이즈도 피부에 염증 등의 이상이 생기면 바로 현장으로 향한다. 그리고 피부 미용 효과가 있는 히알루론산을 부지런히 분해한다. 이를 억제하는 것이 바로 항히알루로니데이즈 작용이다.

오이를 재배할 때는 지주대 세우기가 약간 귀찮지만, 우리 체내에서 오래도록 아름다움의 '지주' 역할을 담당하리라 생각하면 그다지 고생스럽지도 않다. 그리고 수확량이 많은 이 채소는, 결국 우리 모두가 누군가의 뒷받침 없이는 살아갈 수 없다는 진실에도 직면하게 해 준다.

오이의

기능성 성분 예

— 비타민 B₁ · C

— 포름산

— 루틴, 칼륨

- 각종 채소들의 피부 미용 효과(항엘라스테이즈 작용, 항히알루로니데이즈 작용)에 어떤 물질이 관련되어 있는지는 지금도 불분명한 부분이 많다. 해외 논문에서는 비타민 C가 주된 역할을 한다고 추측한다.

- 이따금 오이에서 쓴맛이 날 때가 있는데, 절단된 직후 강한 쓴맛의 포름산을 배출하기 때문이다. 오이를 먹으려고 오는 동물을 쫓아낼 속셈인 듯하다. '예로부터 오이에서 잘라낸 꼭지와 나머지 부분을 서로 비비면 쓴맛이 덜하다'라는 설이 있었는데, 과학적으로 검증한 결과 놀랍게도 '틀림없는 사실'로 증명되었다(堀江秀樹 외, 2008년). 오이도 영리하지만 정확히 조사한 사람도 대단하다.

아름다움을 지켜 드립니다

아유르베다에서는 오이를 뛰어난 미용 약제로 다수 활용한다. 눈 밑 부기를 빼고, 자외선 때문에 손상된 피부를 치료하며, 매끄러운 피부결을 유지하고, 가려움증 및 통증을 완화하는 데 사용한다. 요즘은 보기 드물지만 일본에서도 한때 오이팩이 유행했다.

⚘ 둥글지 않은 양배추입니다만

이 지극히 아름다운 채소는 일본에서 오로지 녹즙 재료로만 알려져 있다. 그래서 오해도 많다.

케일을 유전학적으로 해설하면 결구형 양배추보다 훨씬 야생 양배추(58쪽)에 가깝다. 학명 끝에 붙은 변종명인 *acephala*는 '결구하지 않는'이라는 뜻. 추위에 강해 일본에서도 매우 건강하게 자란다. 북유럽 식탁에서 빼놓을 수 없는 채소인데, 북유럽 국가 사람들이 종종 양배추를 케일이라고 부른다. 이러한 탓에 일본인 가드너들이 종종 혼란에 빠지곤 한다.

한편 양배추와 순무는 전혀 달라 보이지만 유전자 정보는 99~99.9퍼센트 일치한다(Hannenhalli 외, 1999년). 아주 작은 유전자 차이가 각각의 채소를 매우 다채롭게 만든다는 사실은 정말 놀랍다.

큰 차이도 있다. 케일, 양배추, 브로콜리는 같은 배추과 채소로서 각각 수많은 개량종이 있는데, 그 영양가나 기능성 성분의 함유량은 몇 배에서 많게는 10배나 차이 난다. 그중 케일이 생성하는 기능성 성분의 함유량은 다른 채소에 비해 월등히 많다(69쪽 표 참고).

케일은 머릿속에 박힌 녹즙 이미지가 강해 쓴맛이 나리라 생각하기 쉽다. 양배추와 비교하면 수분이나 당질이 적은 것은 사실이다. 하지만 한겨울의 케일은 조금 다르다. 서리를 맞으면 단맛이 더해지고 식감도 좋아진다. 수확까지 오래 기다려야 하는 양배추와는 달리, 필요할 때마다 잎을 따도 금세 새로운 잎이 돋아나도록 안심 설계되었다. 색채도 풍부하고 외모도 개성적이어서 유럽의 가드너들은 케일로 정원을 꾸미곤 한다. 한겨울에 정원을 가꾸다 틈틈이 따서 맛을 보면 산뜻하고 부드러운 맛에 깜짝 놀란다.

배추과 │ 배추속

케일

Brassica oleracea var. acephala

원산지	지중해 연안
재배 역사	2,600년 이상
생활사	2년생
개화 기간	4~6월

생육 양상 및 성질

1년 내내 기운이 넘친다. 모양은 도톰하고 색깔은 다채로워서 외모의 존재감도 뛰어나다. 정원을 꾸미기에 안성맞춤인 채소. 일반 원예 식물에서는 찾아볼 수 없는 현대적 감각이 가드너를 매료시킨다.

Halbhoher

케일

레드 러시안

특기 사항

일본에는 에도 시대 '오란다나(オランダナ)'라는 이름으로 자홍색 품종이 들어왔다고 전해진다. 본격적으로 재배하기 시작한 것은 메이지 유신 무렵부터다. 참고로 현대의 케일, 결구형 양배추, 브로콜리, 방울양배추, 관상용 꽃양배추 등은 모두 뿌리가 같다.

참으로 아름다운 항산화 물질의 성전

케일, 양배추, 브로콜리 등은 여러 종류의 토코페롤(tocopheroles)이라는 물질을 생성한다. 흔히 말하는 비타민 E다. 이들이 활약하는 모습을 상상하면 꽤 재미있다.

우선 자외선이나 공해 물질 등의 영향으로 체내에 프리 라디칼(활성 산소)이 생성되면 세포의 정상적인 운영을 방해한다. 이때 비타민 E가 프리 라디칼을 만나면 상대방의 프리 라디칼 기능을 빼앗아 스스로 '비타민 E 프리 라디칼'로 변신한다. 한편 비타민 C 등의 항산화 물질이 이것에게 불쑥 얼굴을 내밀면 신기하게도 원래 비타민 E로 돌아가 항산화 물질로서 기능을 재개한다. 그뿐만이 아니다. 케일 등에는 강력한 항산화 물질인 베타카로틴(β-carotene)도 풍부하게 들어 있는데 이것이 손상되지 않도록 막는 것도 비타민 E다. 그 숨 막히는, 눈부신 생명의 영위에 감탄하지 않을 수 없다.

케일, 양배추, 브로콜리의 63개 품종을 분석한 연구에서 항산화력 분야 종합 1위를 차지한 주인공이 바로 케일이다. 베타카로틴과 토코페롤류 함유량도 최고 등급이다(69쪽 표 참고). 영양학적으로는 미네랄이 풍부하고, 생물학적으로는 매우 재배하기 쉽다. 생김새도 아름다워서 마당 텃밭에서 함께 즐거운 시간을 함께하고 싶어진다.

한편 직박구리라는 이름의 새는 아무래도 케일의 매력을 잘 알고 있는 듯하다. 우리 집 마당에 뻔질나게 드나들더니 와삭와삭 소리를 내며 진짜 맛있다는 듯이 케일을 먹어 치우곤 한다.

직박구리의 식사법처럼 케일은 생으로 먹는 것이 좋다. 물론 다양한 요리와 어울리기 때문에 세세한 것에 지나치게 신경 쓰지 말고 취향에 맞는 맛과 식감을 마음껏 즐기는 편이 건강에 좋겠다.

배추과 채소의 특수 항산화 물질 함유량

단위 : mg/100g (생중량)

	카로틴류		비타민 E류		비타민 C
	알파카로틴	베타카로틴	알파토코페롤	베타토코페롤	
케일					
Winterborne	0.071	6.08	2.80	0.305	NA
Vates	0.048	3.65	1.03	0.153	NA
브로콜리					
De Cicco	0.029	0.87	1.70	0.066	88.98
Pinnacle	0.021	0.64	1.04	0.108	77.97
Zeus	0.019	0.57	0.67	0.137	75.57
Shogun	0.030	0.81	1.37	0.088	56.04
Packman	0.015	0.49	0.60	0.020	67.24
Greenbelt	ND	0.80	1.49	0.137	57.59
Legacy	0.018	0.52	0.90	0.115	60.54
Majestic	0.025	0.73	1.27	0.097	71.97
Baccus	0.022	0.90	1.06	0.049	65.78
Florette	ND	1.15	1.09	0.641	NA
콜리플라워					
Peto 17	ND	0.08	0.18	0.077	44.33
Snow Crown	ND	0.07	0.16	0.048	39.63
방울양배추					
Long Island	0.004	0.77	1.20	0.054	NA
Yates Darkcrop	0.011	1.00	0.49	0.02	NA
양배추					
PI 214148	ND	0.04	0.06	ND	31.85
Peto 22	0.002	0.10	0.21	ND	22.84
Peto 23	ND	0.12	0.27	0.006	26.47
Peto 24	ND	0.13	0.24	ND	26.47

NA ········ 이용 불가   ND ········ 검출 레벨 이하

(A.C. Kurilich 외, 1999년에서 발췌하여 구성 및 보완)

맛있게 먹는 것이 상책

케일의 수분 함량은 적다. 양배추나 콜리플라워의 수분이 90퍼센트 이상인 데 비해 케일은 80퍼센트 정도밖에 되지 않는다. 샐러드로 만들어 먹는 것을 추천하지만, 생것의 퍼석한 식감을 선호하지 않는 사람은 기름에 볶으면 훨씬 먹기 쉬워진다. 오래 가열하면 앞서 언급한 영양소가 손상되므로 주의하자. 하지만 채소를 잘 먹으려면 "입맛에 맞게 오래도록 즐긴다"라는 마음가짐이 가장 중요하다.

컬리 케일

얄라핀이 연주하는 멋진 멜로디

이 식물은 사막이든 2,500미터가 넘는 고산이든, 자신이 끌려간 곳이 어디인지 신경 쓰지 않고 건강하게 자라난다. 조금만 돌보면 더더욱 힘을 낸다. 참으로 청빈하고도 근면한 식물이다.

고구마의 영문명은 '스위트 포테이토(sweet potato)'지만, '포테이토(potato)' 즉 감자와는 아무런 관련이 없다. 일단 '가계'가 다르다. 감자는 가지과지만 고구마는 메꽃과(나팔꽃 등이 속한다). 또한 감자의 경우 식용 부분은 덩이줄기로, 줄기의 일부에 양분이 저장되어 비대해진 것이다. 이에 반해 고구마의 식용 부분은 뿌리의 일부가 비대해진 덩이뿌리다.

이 덩이뿌리에는 비타민 A, B, C, E를 비롯하여 풍부한 전분, 그리고 철과 아연이 함유되어 있다. 또 최근에는 얄라핀(jalapin)이라는 성분이 주목을 받고 있다. 식이섬유와 협동하여 장의 연동을 촉진하고 대변을 부드럽게 하는 작용이 알려져 큰 인기를 끌고 있다. 얄라핀은 껍질과 붙은 부분에 집중되어 있기 때문에 껍질째 먹는 요리법을 권장한다.

따끈따끈한 군고구마를 한입 베어 물고, 고구마의 속살은 무슨 색인지 알아보자. 육질이 밝은 주황색을 띠는 품종은 비타민 A의 원료라 할 수 있는 베타카로틴이 풍부하다. 한편 보라색을 띠는 품종은 안토시아닌류가 풍부하여 의약적 이용 가치가 높은 것은 물론 식품이나 완구의 착색료로 이용되며, 여성들의 화장품 색소로도 활용되고 있다. 화장품 이야기가 나온 김에 하는 말이지만, 미국에는 여성들이 한층 매력적으로 보이도록 뺨을 붉게 만드는 데 고구마가 좋다는 특이한 민간전승이 전해져 왔다(Hyatt, 1935년). 진짜인지 궁금한 사람은 고구마를 맛나게 먹어 보자.

메꽃과 | 고구마속

고구마

Ipomoea batatas

원산지	아메리카 대륙(상세 불명)
재배 역사	5,000년 이상
생활사	다년생
개화 기간	8∼9월

생육 양상 및 성질

햇볕이 잘 드는 곳에 심어 두면 스스로 덩굴을 뻗어 땅 위에서 뒹군다. 보통 꽃을 피우지 않고 열매도 맺지 않는다.

자색고구마(오키나와)

실크 스위트

특기 사항

일본 에도 시대에는 '밤보다 맛있다'는 뜻의 '구리요리우마이주산리(栗よりうまい十三里)'라는 이름으로 사랑받았다. 밤('구리栗'와 발음이 같은 '九里')보다(비교격 조사 '요리より'와 발음이 같은 '四里') 맛있는(우마이うまい) 고구마는 9+4인 13리(주산리十三里)라고 하는 언어유희다. 한편 오사카에서는 반대로 '하치리한(八里半, '九里'에 못 미친다는 뜻)'이라 불렸다. 인근 간사이 지방에서는 고구마를 밤보다 아래로 보았기 때문이다. 평가 기준이 만만치 않다.

잎과 줄기만 있으면 의사가 필요 없다

원산지에서 전해 내려오는 민간요법에 따르면 고구마는 입이나 목의 궤양 치료제, 수렴제(혈관이나 피부 등의 세포 조직을 수축시키는 약), 곰팡이 억제제, 강장제, 변비약 등으로 사용된다. 또한 천식, 설사, 발열, 카타르성 염증(콧물, 기침, 인후통 등 감기에서 흔히 볼 수 있는 증상), 위 질환, 종양, 메스꺼움, 화상, 벌레 물림을 치료하거나 개선하는 데 이용된다(이상 Osime 외, 2007년). 이쯤 되면 일상의 만병통치약. '의사 저리 가라'다.

이러한 매혹적인 효능이 숨어 있는 곳은 사실 식용 부분이 아니다(변비완화 작용은 식용 부분에도 인정된다). 가장 널리 쓰이는 것은 잎. 원산지 주변이나 의약계에서는 먼저 잎에 주목하고, 이어서 덩굴과 줄기 등을 두루 활용한다. 고구마 잎은 영양분과 특수 기능 성분이 담긴 보물 상자로, 카로티노이드류, 비타민 B_2, 비타민 C, 비타민 E의 양이 어마어마하게 풍부하다. 식이섬유, 단백질도 풍부하다(Ishida외, 2000년).

고구마는 안토시아닌류 생성에 특히 뛰어나다. 그 수는 적게 잡아도 15가지. 이는 주요 상품 작물 중에서 가장 많은 것이다. 결과적으로 고구마는 인체의 항변이원성을 촉진시킨다. 우리 세포는 날마다 돌연변이를 유발하는 물질(변이원)과 싸우고 있는데 어이없이 패배하는 일이 많다. 항변이원성이란 세포들을 변질시키는 흉악한 자외선, 활성 산소, 방사선 등이 활략하지 못하게 막음으로써 효과적으로 억제하는 '방어력'을 말한다.

한편 고구마의 비타민 C는 가열 조리해도 손상되지 않는다. 전분이 끈적이는 풀처럼 변해 비타민 C를 보호하기 때문. 뜨겁게 구운 군고구마에도 비타민 C가 풍부하다.

고구마의

기능성 성분 예

— 얄라핀, 식이섬유

— 카페오일퀸산류 유도체

— 비타민 A · B · C · E

- 얄라핀은 쾌변을 돕지만 단독으로는 기능하지 않는다. 식이섬유와 협동함으로써 대업을 이룬다. 삶거나 구워도 변질되지 않는 것이 고구마의 장점이다.

- 카페오일퀸산류 유도체는 폴리페놀류의 일종으로 강력한 항산화 물질이다. 간 기능을 보호하고 발암성 물질을 억제하는 데도 멋지게 활약한다.

- 비타민 C는 항산화 작용, 피로 회복 작용을 하며 피부 미용에도 좋다. 단, 섭취 이후 몇 시간 만에 배출되므로 자주 섭취하는 것이 좋다. 대부분의 채소는 가열 조리하면 비타민 C가 파괴되지만, 고구마는 전분이 비타민 C를 보호하고 있기 때문에 '군고구마'라 해도 그 손실도가 낮다. 가스 누출의 위험성 따위는 잊게 만드는 맛있고 건강한 채소다.

40종류 이상의 즐거움

일본에서 개발하여 재배하는 품종만 해도 40가지가 넘는다. 맛, 식감, 색깔, 향 등 서로 뚜렷한 차이가 있다. 찜, 구이, 조림 등에 특화된 품종도 있다. 열심히 연구해 식탁을 꾸며 보고 싶은 마음이 들게 한다. 생고구마를 자르면 껍질 바로 밑에서 하얀 액체가 스며 나온다. 얄라핀은 바로 여기에 숨어 있다.

가와고에쿠리킨토키

지구의 고환이라는 악소문

오늘날 전 세계 사람들을 대사 증후군으로 몰아넣고 있는 감자칩. 그 유래는 다소 수수께끼와 같다.

문헌에 따라서는 제2차 세계대전 때 미국이 군용으로 개발했다는 충격적인 설도 있지만, 뉴욕의 요리사 조지 크럼이 1853년 8월 24일에 발명했다는 이야기도 있다. 그가 주방장으로 있는 가게에 까다로운 부자(이야기에 따르면 미국의 '철도왕'이라 불렸던 코닐리어스 밴더빌트다. —옮긴이)가 찾아왔다.

"이런 것도 프렌치프라이라고 할 수 있어? 너무 두껍고 흐물흐물하잖아."

"음, 이건 너무 싱거운데."

그는 이런 식으로 트집을 잡으며 계속 다시 만들어 오라고 요구했다. 화가 난 크럼은 한번 당해 보라는 마음으로 포크로는 도저히 찍을 수 없을 정도로 감자를 얇게 썰어 튀긴 후 내놓았다. 쩔쩔매다 돌아가겠지 하며 코웃음을 쳤는데, 부자는 반대로 "최고의 감자요리야!"라고 극찬하여 금세 화제가 되었다고 한다.

주인공인 감자는 실로 굴곡진 역사를 지나왔다. 16세기 안데스 사람들로부터 훔친 감자를 스페인으로 가져왔을 때 학자들은 감자를 트러플의 일종으로 보고 버섯으로 취급했다. 스페인어로 트러플을 뜻하는 말 중에 '투르마 데 티에라(turma de tierra)'가 있는데, 직역하면 '지구의 고환'(Watt, 2007년)이다. 시간이 흘러 이것이 식물임을 깨닫기 시작했지만 고환 취급은 여전했다. 앞서 들여온 토마토를 둘러싼 악평과 나쁜 소문까지 가세하여 '독성이 있다', '고환이다' 등 의견이 분분했고, 결국에는 '최음제다', '역병을 초래하는 악마다'라는 지탄까지 받았다.

이런 감자가 토마토와 다른 점은 가축 사료로서 부동의 위상을 쌓을 수 있었다는 점이다. 그리고 연이은 기근과 전쟁이 이어지면서 축사를 벗어나 가정의 식탁으로 초대받았고, 어느덧 세계적인 주요 식재료로 변모했다.

가지과 | 가지속

감자

Solanum tuberosum

원산지	남아메리카(안데스 산맥)
재배 역사	9,000년 이상
생활사	다년생
개화 기간	5~6월

생육 양상 및 성질

심으면 알아서 자란다. 단, 5월에 늦서리가 내리면 한번에 농사를 망칠 수도. 감자 알맹이는 수확 후 수 개월 동안 휴면 기간을 가져 발아하지 않는다.

남작감자의 꽃

잉카노메자메

특기 사항

일본에는 17세기경에 들어왔다. 그런데 일본인의 입맛에 맞지 않아 약 100년간은 가축 사료로 조금 재배된 정도였다. 식탁에 초대된 것은 18세기 이후. 지금은 일본에서 가장 많이 재배되는 채소다.

🌰 세계에서 가장 인기 있는 독초

알고 보면 감자는 신성한 식물이다. 안데스 사람들은 신전 의식에서 어린 양을 제물로 바치곤 했는데, 그 피를 감자에 붓고 나서 신의 제물로 삼았다. 스페인 사람들이 발견한 당시의 감자는 매우 작고 황금빛을 띠고 있었다. 마른 땅에서도 건강하게 자라지만, 잘 손질된 경작지에서는 훨씬 크게 자란다. 각 지역에 따라 적합한 품종이 개발되어 오늘날에는 무려 1,000종이 넘는다고. 한편 추운 고산 지대가 고향임에도 불구하고 서리에 매우 취약하다. 일본에서도 5월에 늦서리를 맞으면 차례차례 신의 품으로 떠난다.

초여름이 되면 큰 꽃이 많이 피지만 씨앗은 달리지 않는다. 오로지 예쁜 자식들을 만들고 보호하는 데 몰두할 뿐이다. 알파-솔라닌(α-solanine), 알파-차코닌(α-chaconine) 등 글리코알칼로이드류(glycoalkaloids)를 전초에 배치한다. 특히 감자의 표면이나 새싹에 집중적으로 모아 둠으로써 이들을 보호한다. 군침을 흘리며 다가오는 동물들에게 극심한 두통, 위통, 메스꺼움, 설사 등을 일으켜 혼쭐을 내려는 것이다.

녹말이 많고 칼륨과 비타민도 풍부한 훌륭한 채소지만, 16세기 유럽인들이 두려워했던 독성은 여전히 건재하여 식물학적으로는 분명 독초다. 안데스 사람들도 이 사실을 잘 알고 있었기 때문에 '감자를 주의와 경의의 자세로 대하도록' 교육받았지만, 이 소중한 지혜가 다른 세계에 전해지지 않아 매년 각국에서 집단 식중독 사고가 많이 발생한다.

하지만 세계 어디를 가든 감자 요리가 나온다. 게다가 맛있다. 품종에 따라 맛도 다양하며 어떤 향토 요리에도 잘 어우러진다. 소중히 다루면 서로 행복하다.

감자의

기능성 성분 예

— 비타민 B₁ · B₆ · C

— 엽산

— 칼륨, 마그네슘

안데스 레드

· 의외로 감자 속 비타민 C의 양은 근경류(덩이줄기나 덩이뿌리를 식용으로 하는 작물. —옮긴이) 중에서 꽤 높은 편이다. 게다가 재미있는 현상을 보인다. 감자를 수확해 보존하는 과정에서 비타민 C는 점차 감소해 두 달 만에 절반 정도로 떨어진다. 반면 얇게 썰어 방치하면 비타민 C가 점점 늘어나 이틀 뒤 절정에 이른다. 또 전자레인지로 가열하면 물로 찌거나 삶았을 때보다 비타민 C가 훨씬 많이 남는다. 전자레인지로 조리하면 96퍼센트, 찌면 67퍼센트, 삶으면 28퍼센트가 남는다고 한다(大羽和子, 1988년).

· 엽산은 감자칩에도 들어 있는데, 식품 회사의 연구에 따르면 기름에 튀겼을 경우 엽산이 증가한다고 한다.

소중한 감자니까

감자는 빛을 쬐자마자 솔라닌 등 독성 물질을 생성해 자신을 보호한다. 이를 피하려면 서늘하고 어두운 곳에 보관하고, 수확하고 시간이 흐른 것은 껍질을 두껍게 깎으며, 삶은 물은 버리는 등의 대책이 필요하다. 감자는 어디까지나 유독 식물임을 명심해야 한다.

메이퀸

녹색 부분에 독성 물질이
축적되어 있다

메이퀸

⚜ 두뇌를 깨우는 강장제

본래 수박을 활용하던 방법은 지금과 매우 다르다. 수박의 고향은 아프리카 중부로 기원전 4,000년경에 이집트까지 진출하여 소중히 재배되기 시작했다. 당시의 과육은 희고 매우 써서 먹을 수 있는 것이 아니었다고. 그럼에도 불구하고 고대 이집트인들은 수박을 꽤나 열심히 키웠는데, 그들이 사랑해 마지않았던 것은 수박의 껍질과 씨앗이다. 이를 굽거나 볶아서 먹거나 약으로 애용했다. 아프리카와 아시아의 황무지나 강가 등, 수박이 야생할 듯한 지역에서는 오늘날에도 껍질과 씨앗이 식용 및 약용으로 활약하고 있다.

고대 로마에서는 뿌리를 말린 후 곱게 갈아 미용 세안제로 썼다고 하며, 껍질 또한 얼굴 피부를 아름답게 가꾼다고 하여 남김없이 활용했다. 흥미롭게도 이러한 효능에 대한 이야기는 시대와 장소를 초월한다. 로마에서 멀리 떨어진 20세기 미국 앨라배마주에서도 수박 껍질을 먹으면 얼굴의 윤기가 아름답게 빛난다(Brown, 1958년)는 말이 전해져 내려와 수박이 큰 사랑을 받았다.

주로 버려질 운명에 처하는 푸르스름한 껍질에는 사실 알칼로이드류, 폴라보노이드류, 폴리페놀류와 같은 특수 기능 성분이 풍부하여(Jamuna 외, 2011년) 최근 수박 껍질의 항산화 작용(특히 노화 방지)에 관한 연구가 활발하다. 그 무뚝뚝하고 두껍기만 한 껍질에 결코 무시할 수 없는 효능이 있었던 것이다. 방글라데시에서는 씨앗이 뇌를 깨우는 강장제로 사용되어 왔다고 하니, 씨앗을 소금에 볶아 효과를 체험해 보는 것도 좋겠다.

또 한 가지 특이한 사실은 아랍인들이 검게 그을린 수박 가루를 화약 원료 혹은 취사용 아궁이에 불을 붙이는 용도로도 사용했다는 점이다.

박과 | 수박속

수박

Citrullus lanatus

원산지	아프리카
재배 역사	4,000년 이상
생활사	1년생
개화 기간	6~8월

생육 양상 및 성질

열매는 꽃가루받이 후 불과 한 달 정도면 지름 약 30배, 부피는 400~730배까지 자란다. 예쁜 모양으로 크게 키우려면 많은 요령과 끈기가 필요하다.

특기 사항

전근대 일본의 백과사전인 『和漢三才図会화한삼재도회』(1712년경)에 따르면 17세기 중반에 은원 선사가 중국에서 일본으로 들여왔다고 한다. 당시의 평판은 혹독했다. 냄새도 호감이 가지 않는데 과육은 인간의 살점과 비슷하다고 여겨져, 여성이나 어린이는 먹기를 꺼렸다고 한다.

수박 폭탄이 터지면

수박 폭탄의 파괴력은 주로 생체 내에서 발휘된다. 어릴 적 "수박은 수분만 있지 영양가는 없어.", "배탈 나니까 너무 많이 먹지 마."라고 주의를 받은 사람도 많을 것이다. 확실히 수박에는 강력한 냉각 작용이 있어 변비를 해소하는 완하제(설사가 나게 하는 약. -옮긴이)로 이용되어 왔다.

영양분에 대해서는 오해를 많이 사기도 했다. 과육의 90퍼센트 이상이 수분인 건 맞다. 하지만 여기에 포함된 시트룰린(citrullin)과 라이코펜(lycopene)은 뛰어난 항산화 작용을 한다. 라이코펜이라 하면 토마토가 제일이라고 널리 알려져 있으나, 어떤 수박은 토마토의 40퍼센트가 넘는 양을 생성해 낸다(품종이나 재배 조건에 따라 다르다).

게다가 수박의 라이코펜은 생으로 먹어도 효율적으로 체내에 흡수되지만, 토마토는 가열 처리가 필요하다는 결정적인 차이가 있다(Perkins-Veazie 외, 2004년).

라이코펜은 과육을 붉게 보이게 하는 색소이자 활성 산소 등의 파괴자로부터 소중한 세포들을 극진히 지키는 보호자이기도 한다. 그 능력은 유명한 베타카로틴의 2배로 평가된다(Mascio 외, 1989년). 수박 폭탄은 활성 산소들을 멋지게 날려 버린다.

이 훌륭한 항산화 작용은 수박 스스로를 아름답게 여물게 하고 피부 미용을 원하는 사람들에게 도움을 주며, 순환기계 장애, 심장 발작, 전립선암 등 수많은 중대 질환 예방에도 효과적이다(Collins 외, 2005년). 그리고 기분 좋은 일상생활을 위협하는 불쾌한 각종 위장 장애에도 수박의 항산화 물질이 도움을 준다(Szamosi 외, 2007년: 실험 쥐를 사용한 실험 결과).

또 체내에 들어간 시트룰린의 일부는 효소에 의해 아미노산인 아르기닌(arginine)으로 변화해, 체내에 쌓인 유해 암모니아를 해독하고 배출을 촉진하는 한편 세포 증식을 돕는다.

수박의

기능성 성분 예

— 라이코펜

— 시트룰린

— 당류, 칼륨

아프리카 중부 지역에 나는 수박

- 라이코펜은 영어식 발음. 독일어 발음으로는 '리코핀'인데 어느 것을 사용하는지는 연구자의 마음이다. 수많은 식물 중 라이코펜을 생산하는 종족은 매우 한정적이기 때문에 수박은 '귀하신 몸'이다. 항암 작용, 항산화 작용, 피부 미용 효과 등 좋은 효능이 많지만 원래의 생산 목적은 험난한 사막 환경에 적응하기 위함이다.

- 시트룰린은 수박에 특징적인 물질. 사막에서의 쾌적한 생활을 위해 만든다. 계속 이어지는 강한 햇볕과 극도의 건조한 날씨에 대한 내성을 강화하는 것이 주 목적. 인체의 혈액 순환 개선과 세포 증식 보조 작용이 알려지면서 미국에서는 ED치료에 이용되고 있다.

튀르키예의 품종

튀르키예의 품종

씨앗을 보호하는 유리

아프리카의 기나긴 건기는 혹독하다. 기온이 50도 이상, 습도가 10퍼센트 미만이다. 이 사막 지대에서도 수박은 통통하게 살이 쪄 달콤해진다(아프리카 중부 지역에 나는 수박 사진을 보면 알 수 있다).

소중한 씨앗은 유리질로 매끈하게 코팅되어 있다. 뜨겁게 작열하는 태양으로부터 보호하는 한편 동물에게 잡아먹혀도 소화되지 않고 몸속에서 안전하게 빠져나오게 돕는다.

⚜ 코끝에 파고들어 두뇌를 명석하게

근대를 키우다 보면 저도 모르게 웃음이 난다. 너무나 건강해서 저절로 미소가 지어지는 것이다. 수확할 때마다 예쁘고 맛있는 어린잎을 쭉쭉 뻗는 이 한없이 기특한 모습, 마당을 화려하게 수놓는 모양새가 참을 수 없이 사랑스럽다.

원종의 이름은 차드라고 한다. 고대 그리스 · 로마 시대부터 사랑받아 온 가장 큰 이유는 중요한 약초로서 활약했기 때문이다. 정치인이자 제독이었던 대(大)플리니우스(Gaius Plinius Secundus, 22/23~79년)가 집필한 『Naturalis historia박물지』에서는 차드의 뿌리를 물에 삶아 얻은 즙을 뱀독 해독제, 치통 완화제, 동상 치료제 등으로 사용한다고 기술한다. 약간의 용기가 필요한 처방으로는 '차드 즙을 귀에 주입하면 두통, 어지러움, 이명을 치료한다'라는 구절. 실제로 시도해 보고 싶은 방법으로는 '차드 즙을 꿀에 섞어 콧구멍에 바르면 머리를 맑게 한다'라는 것인데, 과연 어떨까.

중세부터 근세에 걸친 활약도 눈부시다. 혈당 강하제, 소염제, 지혈제로 쓰였다. 현대에도 약초로서의 위상은 확고하며, 만성 질환 예방과 항암 작용까지 연구되고 있다(다음 85쪽 참조).

근대의 별명은 '바다 시금치(sea spinach)'다. 원래 한가로운 해변 생활을 즐기는 종족이다. 일본식 이름은 부단초(不斷草)로 1년 내내 수확할 수 있다는 데서 유래했다. 그러나 실제로는 동절기에는 생육이 대단히 느리고, 수확은 조심스럽게 하지 않으면 그 즉시 천국행이다.

차드는 지중해 연안에 야생했으며 품종 개량을 거쳐 '스위스 차드'가 됐다. 고대 문헌에서 근대를 찾아볼 때는 주의해야 할 점이 있다. 기원후 2세기 이전 기록에 등장하는 '비트'는 기본적으로 '차드'를 의미한다. 한편 오늘날 비트라고 하면 우리가 잘 아는 비트(152쪽)들이 맞다. 다소 헷갈리는 이야기다.

근대(스위스 차드)

Beta vulgaris var. cicla

원산지	지중해 연안
재배 역사	3,000년 이상
생활사	1〜2년생
개화 기간	6월

생육 양상 및 성질

한여름 무더위 속에서도, 차가운 눈을 맞아도, 기죽지 않고 살아난다. 생명력의 화신과 같은 채소, 물, 퇴비, 석회만 있으면 아주 건강하게 자란다.

씨앗

특기 사항

기원전 1,000년경 시칠리아 섬에서 재배하기 시작한 것으로 추측된다. 일본에는 17세기 전후에 들어왔다. 시금치를 쏙 빼닮은 맛이지만, 더 담백하고 단맛도 난다. 그래서 지역마다 근대에게 붙은 별명도 있다. '아마나(アマナ, 달콤한 채소)', '우마이나(ウマイナ, 맛있는 채소)', '고마이라즈(ウマイナ, 조미가 필요 없는)' 등으로 불리며 널리 사랑받는다.

색채가 벌이는 건강 마술

한눈에도 선명한 장식용 채소로, 화분에 심어도 그림이 된다. 잎의 무늬는 하얀색, 레몬색, 오렌지색, 자주색 등 그저 바라보기만 해도 건강에 좋을 것 같은 색깔이 특징. 토마토나 당근으로 친숙한 카로티노이드류가 풍부하다. 빨간색에서 보라색까지의 색을 띠는 색소는 베타시아닌(betacyanins), 노란색에서 주황색까지의 색을 띠는 색소는 베타잔틴(betaxanthins)이라 불린다.

식물들은 여러 색소를 복잡하게 배합하는데, 이는 우리 눈을 즐겁게 할 뿐만 아니라 식물 자신을 보호하기 위한 고기능 항산화 물질로 쓰이기도 한다. 다양한 채소가 대량으로 소비되는 지중해 연안에서도 근대의 항산화 작용은 뛰어난 존재감을 자랑하며(Sneáana 외, 2015년; Bolkent 외, 2000년) 선명한 색소는 천연 식품 착색료로도 활약한다.

특히 주목할 만한 것이 비타민이다. 비타민 K는 하루 섭취 권장량의 무려 7배가 넘는다. 비타민 A도 2배가 넘으니 대단하다(175그램을 섭취했을 경우). 나아가 비타민 C와 비타민 E도 함유되어 있고 망간, 칼륨, 철, 식이섬유도 풍부하니 연구자들이 우수한 건강식품으로 주목할 만도 하다. 특히 원산지 중 하나인 튀르키예에서 연구가 활발해, 당뇨병 치료와 암 예방 및 치료제로 유망하다고 한다.

근대는 삶거나 볶으면 맛있지만 항산화 물질이 많이 손실되므로 당연히 샐러드로 즐기는 방법을 권하고 싶다. 굳이 조리하고 싶다면 삶을 때는 최대한 짧게 삶고, 기름에 볶는다면 근대는 가장 마지막에 넣는 것이 좋겠다. 채소 가게에서 마주치면 반갑게 인사하고 오래도록 친하게 지내 보자.

근대의
기능성 성분 예

— 베타시아닌, 베타잔틴

— 비타민 A·C·E·K

— 망간, 철, 식이섬유

- 베타시아닌과 베타잔틴은 베탈레인류 색소라 불린다. 같은 색감을 내는 안토시아닌류와는 전혀 다른 색소로 한정된 식물만 생산할 수 있다. 베탈레인류 색소는 강력한 항산화 작용을 하는데 그 정도가 루틴이나 카테킨을 뛰어넘는다(川上 외, 2016년). 따라서 항염증 작용, 항암 작용, 순환기계 질환 예방에 도움을 주리라 기대되는 물질로 주목받고 있다.

- 비타민 K는 혈액 응고 작용을 한다. 비타민 K가 결핍된 영유아에게는 출혈성 질환이 생긴다. 뼈의 형성에도 깊이 관여하여 20세기 후반부터 비타민 K의 골다공증 치료 효과를 조사하는 임상시험이 진행되고 있다. 여전히 우리가 알지 못하는 부분이 많은 영양소.

아름다운 마법사

땅에 심든 화분에 심든, 혈기 왕성하게 쑥쑥 자란다. 바깥쪽 잎부터 차례차례 수확하는데, 꾸준히 수확해도 금세 알록달록한 어린잎을 키운다. 생으로 먹어도 단맛이 나며 볶아 먹어도 식감을 즐길 수 있다. 게다가 영양분도 넉넉하니 더 바랄 것이 없다. 샐러드나 찜 요리에서는 아름다운 색채가 우리 눈을 즐겁게 한다.

사랑, 로마로 이어지는 길

잘게 부순 셀러리 씨앗에 소금을 더한 간단한 조미료를 셀러리 솔트라 한다. 다양한 요리와 칵테일의 비법 재료로 맹활약하고 있다. 이처럼 오랜 인류 역사에서 셀러리가 귀하게 쓰인 부분은 우리가 오늘날 먹는 줄기가 아니다. 특이한 효능과 강한 향이 숨겨져 있는 부위는 뿌리와 씨앗이다. 적지 않은 사람들에게 셀러리는 피해야 할 알레르기 물질이지만, 동시에 많은 사람을 강하게 매료하기도 한다. 예를 들어 프랑스에서는 '셀러리를 남자가 먹었을 때 보이는 효과에 대해 여자들이 알면, 그들은 고급 셀러리를 구하러 로마까지 찾아간다. 로마가 얼마나 먼지는 상관하지 않는다.'(Mathias, 1994년)라는 이야기가 전해진다.

색다른 전설이 영국에도 있다. '셀러리는 마녀의 연고로 사용됐다. 빗자루를 타고 하늘을 날 때 급격한 복통을 막기 위한 것이다.'(Jacob, 1964년) 이러한 민간전승이 남아 있을 정도니 '마녀'들이 얼마나 자주 시달렸을지 짐작이 간다.

셀러리는 갑작스러운 복통을 억제하는데 여러 방면에서 그러하다. 우선 배에 가스가 차는 것을 막는다. 한편 복통을 일으키는 기생충을 쫓는 역할도 한다. 신장이나 방광의 결석도 심한 통증을 수반하는데, 요산 수치를 낮추고 소변의 흐름을 유지해(뛰어난 이뇨 효과가 있다) 결정화를 막는다. 꽤 오래전부터 경험적으로 알려진 셀러리의 효능이다.

나아가 민간약으로서는 항경련제, 월경 촉진제, 완하제, 항진균제, 진정제, 그리고 최음제로 세계적인 명성을 얻어 왔다(Fazal 외, 2012년). 한편 애정을 불태우는 작용의 경우, 셀러리만의 효과가 아니라 흥분 작용이 있는 약초나 강한 알코올과 함께 사용되었기 때문인 듯하다.

미나리과 | 셀러리속

셀러리

Apium graveolens

원산지	지중해 연안, 중국
재배 역사	500년 이상
생활사	1~2년생
개화 기간	6월

생육 양상 및 성질

씨앗부터 기르는 건 괴짜 애호가들
뿐이다. 성장은 지지부진하지만, 한
겨울에 꽁꽁 얼어도 낮에 볕을 받
으면 다시 살아난다. '대기만성'의
훌륭한 생명력에 감동한다.

뿌리줄기

특기 사항

기원전 1,900년경 이집트에서는 이미
이용되고 있었지만 야생종을 채집한
것이었다. 본격적으로 재배를 시작한
시기는 16세기 이후. 일본에도 16세기
경에 들어왔으나 특유의 향 때문에 찾
는 이가 없었다. 거듭된 품종 개량을 거
쳐 이제는 인기 채소로 자리매김했다.

효능에 숨겨진 몇 가지 위험성

씨앗부터 키우면 세월아 네월아 하고 좀처럼 발아하지 않는다. 간절히 기다리던 싹이 돋아도 2~3센티미터 정도에서 성장이 멈추고, 한 달 정도 또 그 상태를 유지한다. 다시 자라기 시작해도 속도가 너무 느려서 속이 터진다. 잎채소임에도 수확까지 무려 반년 넘게 걸리는 셈인데, 그런 견실함이 셀러리를 마당의 구급상자로 만드는 비결인 듯하다.

줄기와 잎의 약 95퍼센트가 수분이지만 식이섬유가 풍부하다(장을 깨끗하게 만드는 정장 작용이 뛰어나다). 카로티노이드류와 비타민 등을 듬뿍 생성하고 미네랄도 풍부하게 축적하는 성질을 지녀, 이 영양소들이 부족해지기 쉬운 한겨울에 안성맞춤인 건강 채소다.

앞서 진정제로도 이용된다고 했는데, 이는 셀러리에 함유된 아피인(apiin)과 기타 방향 성분의 작용에 의한 것으로 여겨진다. 최근 문헌이나 인터넷에서는 불면증 개선 효과가 있다고 자주 거론되는데, 그 출처가 확실하지 않다. 간단한 검증법은 자기 전 셀러리 한 줄기를 컵에 넣고 물을 부은 다음 머리맡에 두는 것이다.

진정 효과에 관한 연구 논문은 여러 편 있다. 하지만 불면증 개선 효과에 대해서는 납득할 만한 연구 사례가 나오지 않고 있으며, 애초에 셀러리를 안일하게 이용하면 위험하기까지 하다.

효능이 뛰어나다는 광고와 함께 셀러리 오일을 위시한 각종 건강 보조제가 판매되고 있지만, 중앙 유럽 국가들에서는 셀러리를 포함한 식품에는 반드시 그 사실을 표시하도록 의무화했다. 여러 알레르기 반응을 유발하기 때문. 사람에 따라서는 치명적인 아나필락시스 쇼크를 일으킬 수도 있으니 주의해야 한다.

셀러리의
기능성 성분 예

— 아피인, 아피제닌

— 비타민 B · C

— 베타카로틴(잎)

셀러리의 씨앗

* 아피인은 셀러리나 파슬리의 줄기, 잎, 씨앗에 풍부하다. 가수 분해를 통해 아피제닌으로 변화한다. 아피제닌은 사과, 오렌지, 양배추, 피망, 양파 등 많은 과일과 채소에 함유된 물질이다. 동물 실험 등에서는 진정 효과, 항불안 효과, 항우울 효과 등이 나타났다. 신경 세포 발생을 촉진하는 작용도 주목받는 효과 중 하나로, 알츠하이머 치료에 활용하고자 각국에서 연구가 진행 중이다. 나아가 면역 체계를 보강하는 효과도 나타나지만, 아직은 불확실한 부분이 많다. 셀러리는 꽤나 자극적이므로 잘 맞지 않는 사람은 억지로 셀러리를 먹기보다는 다른 과일이나 채소를 섭취하길 권한다.

키우기 쉬워 편리한 잎셀러리

잎셀러리(*Apium graveolens* var. *secalinum*)는 셀러리 원종의 하나다. 매우 작고 재배도 간단하다. 향이 뛰어나 콘 수프에 잎을 한 장 띄우기만 해도 고급 호텔의 조식 느낌이 난다. 생으로 샐러드에 넣어도 고급스러운 맛을 낸다. 대형마트의 원예 코너에서 모종을 저렴하게 팔기도 한다. 정원이 마음에 들면 기꺼이 씨앗을 떨구며 잘 자랄 것이다.

🌰 그녀를 누에콩밭으로 데려가라

초봄에 왠지 마음이 들뜨고 두근거리고 설렌다면 누에콩이 개화한 탓인지도 모른다. 영국 서펴 주에서는 누에콩 꽃이 피는 시기가 되면 다음과 같은 노랫소리가 울려 퍼졌다고 한다.

"이제 곧 부인이 자녀를 잉태할 것이다."(『イギリス植物民俗事典영국 식물민속사전』)

일본인에게는 다소 기이하게 들리지만, 유럽에서 누에콩 꽃은 전통적인 최음제로 높은 명성을 자랑한다. 그 향기에는 사람을 강하게 현혹시키는 마력이 있어서 이를 맡으면 남녀 불문 애욕이 솟아난다고. 좀처럼 뜻을 이루지 못하고 있는 젊은이에게는 다음과 같은 지혜가 전해졌다.

'그녀를 누에콩밭으로 데려가라. 밭을 가시나무나 쇠로 된 울타리가 막고 있다면 업어서 넘어갈 수 있도록 해 주어라. 그러면 그녀는 너를 받아 줄 것이다.'(Barrett, 1967년)

수많은 누에콩을 키워 왔지만 사실 이 전설이 말하는 효과를 단 한 번도 본 적이 없다. 하지만 포근하고 기분 좋은 달콤한 향기는 봄날의 정원 가꾸기를 즐겁게 해 준다.

이윽고 열매를 맺는 콩은 훨씬 실용적이다. 고대부터 중요한 단백질원으로 꼽으며 난치성 기침을 억제하고 피부 질환 진정에 좋은 것으로 알려졌다. 기원후 1세기경의 문헌에는 탈모 억제 효과에 대한 언급이 있다(현대와 마찬가지로 고대 그리스·로마인들은 차림새와 용모에 대단히 신경 썼다). 더욱 재미있는 것은 영국의 이야기다. 17세기 영국에서는 벌써 '남성지'가 인기를 끌고 있었는데, 1610년 발간된 남성지에 실린 최신 유행을 소개하는 기사가 흥미롭다. '누에콩 꽃을 증류하여 세안제로 만들어 사용하면 피부가 맑아진다.'

영국 신사가 되기란 참 힘들었던 모양이다.

콩과 | 나비나물속

누에콩

Vicia faba

원산지	중근동(상세 불명)
재배 역사	8,800년 이상
생활사	2년생(두해살이식물)
개화 기간	3~5월

생육 양상 및 성질

다소 서투른 채소. 겨울이 오기 전에 커지면 서리 때문에 망치고, 개화하여 콩이 생기면 영양 부족으로 망친다. 하지만 꽃향기는 정말 멋지다.

누에콩의 발아

특기 사항

이스라엘 북부 나사렛에서 발굴된 콩은 기원전 6,800년경의 것으로 추정된다. 일본에는 덴표 8년(736년)경에 들어왔다. 꽃가루받이 후 1개월 정도면 수확할 수 있지만, 파종용으로 쓰려면 1개월에 걸쳐 완숙시켜야 한다.

91

🌱 서투른 매력의 난치병 치료제

고대인부터 근대의 영국 신사 숙녀까지, 누에콩은 매끄러운 피부의 조력자로 활약해 왔다. 누에콩에 함유된 수용성 단백질에는 체내에서 발생하는 초산화물과 과산화 수소를 효과적으로 제거하는 능력이 있다(Okada 외, 1998년). 하지만 이 효능을 기대하고 마구 먹으면 금세 배에 가스가 차 위장 장애를 일으키고 만다. 고대 로마인들도 꽤 많이 당했던 모양인지 섭취에 주의하라고 경고했다.

최근에는 난치병인 파킨슨병의 치료제로 연구되고 있다. 환자 6명의 동의 하에 누에콩을 섭취하는 실험이 진행됐다. 조리된 250그램의 콩을 먹은 뒤 혈액을 채취하여 운동 기능 이상성을 평가했더니, 기존 치료제를 복용하던 것과 비슷한 효과를 나타냈다(Rabey 외, 1992년). 화학 의약품을 구할 수 없는 지역의 환자에게는 그야말로 반가운 소식. 또한 누에콩의 씨앗에 마이크로파를 쬐었더니 스프라우트(새싹)에 함유된 항파킨슨병 성분이 56퍼센트나 증가했다(Randhir 외, 2004년).

그렇게까지 하지 않더라도 새싹은 효과적으로 이용할 수 있다. 항산화 물질의 근원이 되는 페놀류(phenols) 함유량이 높다.

그런데 이 식물은 다소 서투른 구석이 있다. 콩이 열매를 맺기 시작할 무렵에 갑자기 축 늘어지곤 한다. 뿌리에 서식하던 공생균마저 닥치는 대로 분해해 먹어치워도 여전히 영양 부족으로 창백한 얼굴이다. 원인은 콩이 열매 맺기 시작한 후에도 줄기와 잎을 계속 뻗으려 하는 데 있다. 이런 식물을 무한 신육형이라고 한다. 당연히 수확량은 뚝 떨어진다. 이 시기에 질소 거름을 공급하면 누에콩은 크게 기뻐하며 많은 열매를 선물한다. 이 서투른 매력이 정말 사랑스럽다.

누에콩의

기능성 성분 예

— 캠퍼롤

— 니아신

— 단백질, 비타민 B · C

- 캠퍼롤은 플라보노이드류의 일종으로 토마토, 딸기, 양배추, 케일 등에도 함유된 고기능 성분이다. 항산화 작용, 항염증 작용 외에 골다공증과 당뇨병 예방 효과가 기대된다. 신경계를 보호 · 보강하는 작용도 알려졌는데 이는 진정 작용과 항불안 작용으로 나타난다.

- 니아신은 일명 '비타민 B₃'라고도 불리는데 인체 내에서도 생성된다. 체내에서의 에너지 대사에 깊이 관여하여 소화기와 신경계를 보호 · 보강한다. 결핍될 경우 체내 여러 곳에서 염증이 생길 수 있지만, 현대 식생활에서 결핍을 일으키는 일은 거의 없다.

- 양질의 수용성 단백질도 풍부하다. 몸에 좋지만 과식은 금물이다.

그땐 그랬지

고기를 구하기 힘들었던 시절에는 중요한 단백질원이었다. 그러다 점차 감소하여 지금은 재배량이 크게 줄어들었다. 한편 콩은 콩깍지에서 꺼내면 귀중한 영양소가 금세 유실되니 일단 콩을 깠다면 방치하지 말고 가급적 빨리 먹는 것이 좋다.

🏺 고대 이집트의 월급

무의 '가치'는 시대와 지역에 따라 완전히 다르다. 고대 그리스의 역사가 헤로도토스(Herodotos, 기원전 485~420년경)가 쓴 『Historiai역사』에 따르면 '고대 이집트의 피라미드 건설 현장에서는 무가 노동자들에게 보수로서 지급됐다'라고 한다. 급여가 무라니. 오늘날의 우리가 만족할 수 있을지 없을지를 떠나, 그들에게는 확실한 속셈이 있었다. '(받은 무를) 채소 취급하여 먹는 일은 거의 없었다고 한다. 가치가 있었던 것은 오히려 기름을 취하기 위한 씨앗 쪽이었다.'(『図説 古代エジプト生活그림 해설 고대 이집트 생활사』)

무의 영문명은 래디시(radish, garden radish)로, 일본 무와는 다소 생김새가 다르다. 이것의 일본식 명칭은 하츠카 다이콘(ハツカダイコン)이지만 느낌상으로는 순무에 가깝다(서양인들은 일반적으로 적환무를 '무(radish)'라고 부른다. 이것을 일본에서는 '하츠카 다이콘(20일무)', 우리나라에서는 '래디시' 혹은 '적환무'라고 부른다. -옮긴이).

고대 이집트인들은 기회만 되면 무씨를 뿌렸다. 기름을 짜서 팔기 위함이었다. 곡물보다 비싸게 팔렸고 무엇보다도 과세율이 낮았기 때문에 이익률도 높았다. 역시 실리적인 고대 이집트인답다. 반면 고대 로마에서의 평판은 좋지 않았다. 대(大)플리니우스는 무는 껍질이 두껍고 향이 자극적이며 장에 가스를 채우고 트림을 유발하는 등 '질 나쁜 식품'이라고 혹평했다. 하지만 그도 해독제나 간장병 치료제, 요통 치료제로서의 효능은 인정했다.

헤이안 시대 중기에는 무를 '대근(大根)'이라고 표기했고, 이를 지금처럼 '다이콘(ダイコン)'이라고 읽게 된 것은 무로마치 시대부터다. 일본인은 고대 이집트인과 마찬가지로 밭마다 무를 기르는데, 그 이유는 먹기 위해서다. 일본에서 재배되는 채소 중 무의 경작 면적과 수확량은 2위(2010년도, 농림수산성 통계. 참고로 1위는 감자다). 대부분은 서양종을 기원으로 하며 자생종은 아니다.

배추과 | 무속

무

Raphanus sativus

원산지	중앙아시아(다양한 설 존재)
재배 역사	4,700년 이상
생활사	1~2년생
개화 기간	3~5월

사쿠라지마 다이콘

생육 양상 및 성질

포근하게 누울 수 있도록 흙침대를 때마다 갈아 주면 기꺼이 아름답고 크게 자라난다. 기본적으로는 노력형이어서 어떤 토지에도 적응한다. 매운 무는 메밀국수와 찰떡궁합이다. 참 맛있다.

홍심무

사쿠라지마 다이콘

교토오미 다이콘

특기 사항

고대 이집트에서 무는 마늘, 양파와 함께 피라미드 건설 노동자들에게 지급하는 중요한 노동 보수로 여겨졌다. 일본에는 기원후 720년 이전에 들어왔다. 일본인들은 무를 상당히 좋아하여 얼마 전까지 일본에서 가장 많이 재배되는 채소가 바로 무였다. 꽃이 진 뒤 맺는 어린 꼬투리도 무척 맛있다.

오래된 와인을 되살리는 비법

1996년, 일본은 충격에 빠졌다. 오카야마현, 기후현, 오사카부에서 치명적인 병원성 대장균인 O-157:H7에 의한 대규모 식중독 피해가 생긴 것이다. 세계보건기구(WHO)가 발표한 성명을 인용하면 '전대미문의 기록적인 환자 수'였다. 그해에만 1만 명 이상이 감염되었고 사망자는 8명이었다(당시 일본 후생노동성 자료).

발생 원인으로 가장 먼저 지목받은 것이 무순이다. 무순 생산 농가가 잇따라 파산했고 다른 생채소에도 영향을 미쳐 말 그대로 대소동이 벌어졌지만, 발생 원인은 밝혀지지 않은 채 막을 내렸다. 드러난 사실은, 그해에만 비정상적으로 피해가 확산되었다는 것뿐이다. 그런데 3년 뒤인 1999년, 무순이 강력한 항O-157:H7 작용을 한다는 사실이 밝혀졌다(Bari 외, 1999년). 이 얼마나 아이러니한 일인가.

여담이지만 무순은 에도 시대 후기에 재배되기 시작했는데, 당시에는 지역 한정 희귀 채소로서 매우 고가였다. 그 발상지가 바로 O-157:H7이 맹위를 떨친 오사카의 사카이시 부근이었다.

이제 화제를 돌려, 오래된 와인을 완전히 되살릴 수 있는 비법을 소개한다. 더 이상 상품 가치가 없을 정도로 품질이 떨어진 와인에 얇게 썬 무를 담그는 것이다.

"이렇게 하면 역하고 속이 메스꺼워질 듯한 맛이 단번에 사라지고, 마치 신상품처럼 청량한 산미가 되살아난다(Hill, 1577년)."

16세기 무렵 와인 상인들이 이 방법으로 재고를 남김없이 팔아 치웠다니 감탄할 만하다. 수많은 가정의 주방 한쪽 구석에 값싼 와인이 잠자고 있을 것이다. 버리기 전에, 무를 꺼내 한번 시도하면 어떨까.

무의

기능성 성분 예

— 아밀레이즈(디아스테이즈)

— 비타민 C, 카로티노이드류(잎)

— 칼슘, 식이섬유

쇼고인 다이콘의 결실기

- 아밀레이즈는 디아스테이즈라고도 불리며, 불쾌한 체증이나 속 쓰림을 방지하는 고마운 효과가 있다. 전분을 분해하는 데 뛰어난 능력이 있지만 가열하면 급격히 줄어들기 때문에 생으로 섭취하는 것이 좋다. 아밀레이즈의 효능 때문인지 '무는 아무리 먹어도 체하지 않는다'라는 말이 있다. 여기서 유래한 말이 아무리 애써도 '발연기'를 하는 배우를 일컫는 '다이콘 배우(일본어로 '체하다'와 '적합하다'라는 뜻이 있는 '当たる'에서 비롯한 말장난. ─옮긴이)'라는 단어다. 아마추어 연기자를 뜻하는 '시로토 배우(シロウト役者)'라는 말도 무가 하얀색인 데서 유래했다고 한다(일본어로 흰색은 '시로シロ'다. ─옮긴이).

'맛'이 깊은 각종 무

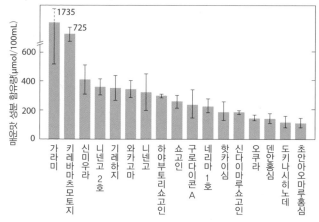

(오카메 쿠니오(岡部邦夫) 외, 1990년에서 발췌 및 구성)

 자르거나 갈면 매운맛 성분인 '알릴 아이소티오시아네이트'가 생긴다. 메밀국수에는 주로 무즙을 곁들이는데, 매운맛이 강할수록 잘 어울린다. 무의 매운맛은 품종에 따라 큰 차이가 있기 때문에 좋아하는 품종을 골라 맛보는 재미가 있다.

🍃 세계 정복의 주역: 빵, 치즈, 그리고 양파

양파의 생장과 관련된 데이터는 지금도 불분명하다. 언제부터인가 여성에게 다가감으로써 지금의 절대적 권력을 얻었다.

양파는 종종 전투적으로 쓰였는데, 우선 고대 이집트 문명의 원동력으로 기능했다. 피라미드의 건설이 성공한 데는 마늘과 양파의 공이 크다. 배급이 늦어지면 폭동이 일어났을 정도. 고대 로마 제국에서도 양파가 큰 역할을 했다. 일본인 정도의 왜소한 체격이었던 로마 병사들이 육식 덕에 체구가 큰 민족을 차례차례 복종시켰는데, 이때의 식단이 놀랍다. '소나 양의 젖을 넣고 끓인 죽이나 빵, 치즈 한 조각, 양파, 한 잔의 포도주가 행군 중의 식사였다. 이것으로 세계를 정복했다니 기가 막힌다 (『ローマ人の物語Ⅱ ハンニバル戦로마인 이야기Ⅱ: 한니발 전쟁』에서 발췌). 검투사들도 체력을 키우기 위해 양파를 먹어 치웠다. 이걸로는 성에 차지 않았는지, 양파로 전신 마사지를 함으로써 강철 근육도 키웠다.

집안 살림과 가사에 분주한 여성에게 양파는 남편을 바깥일에 전념하도록 만들기에 매우 효과적이었다. 소화기계 감염병을 일으키는 병원성 대장균, 살모넬라균, 고초균(枯草菌) 등의 번식을 억제하는 효과가 있기 때문에 (Nelson 외, 2007년), 여성들은 양파를 먹이며 남편의 건강을 확보하고 바깥에서 열심히 일할 수 있도록 했다. 가축이나 인간 사이에 역병이 유행하면 양파를 부적처럼 현관이나 가축 우리에 매달았다. 남자들에게는 미신이라는 비아냥을 들었지만 영국, 프랑스, 인도 각지에서 양파를 달아 놓은 집만이 무사했다는 이야기가 전해진다. 물론 양파만의 덕은 아니고, 할머니의 지혜를 존중한 여성들이 가족을 지키기 위해 부단히 애쓴 결과일 것이다. 여성은 가정의 수호신이자 최고신이며, 양파는 그 지원군이었다.

이러한 양파의 재미있는 활용법은 그 외에도 수없이 많다.

양파

Allium cepa

원산지	아프가니스탄 등 중앙아시아 주변
재배 역사	상세 불명
생활사	2년~다년생
개화 기간	5~6월

생육 양상 및 성질

늦가을~ 초겨울에 심는다. 모종을 구입할 때는 잎의 길이가 약 30센티미터, 굵기가 8~10밀리미터인 것을 고른다. 잎이 약하고 얇으면 겨울을 무사히 날 수 없다.

특기 사항

일본에는 에도 시대에 들어왔다는 설도 있고 메이지 9년(1876년) 무렵이라는 설도 존재한다. 처음에는 전혀 주목받지 못하고 해외로 수출되는 일이 많았다. 메이지 25년(1892년) 오사카에서 콜레라가 유행했을 때 양파가 효능이 있다며 인기를 끌기 시작한 후, 품종 개량이 추진되었다.

눈물과 숙면을 부르는 알리신

우리가 양파라고 칭하는 부분은 양파의 잎이다. 줄기를 5~10장의 잎이 둘러싸며 타원형으로 부풀어 오른다. 칼로 썰면 너무 매워 눈물이 나는데, 안경을 써도 소용이 없고 자르기 전에 차갑게 식혀 두는 것이 좋다. 눈물의 원인은 알리신(allicin)이라는 휘발성 물질로, 냉각시키면 순해진다. 한편 알리신이 발휘하는 의외의 효능이 알려져 있다.

중동에서는 갑작스런 폭동으로 최루탄에 노출되면 생양파를 코끝에 문질러 눈과 목의 통증을 없앴다. 또 일본에서는 얇게 썬 양파를 머리맡에 두면 숙면을 취할 수 있다는 이야기가 있다. 좀처럼 잠들지 않는 다섯 살 딸에게 시험해 봤더니 과연 잠에 빠져들었다. 아이의 엄마도 즉각 숙면했다.

딸이 경험한 최면과도 같은 효과나 피라미드를 세울 만한 강장 작용의 근원에 대해 자세한 내용은 알 수 없으나, 알리신과 비타민 B_1이 힘을 합치면 신진대사를 활성화해 피로 회복을 촉진하는 것 같다. 또한 알리신 자체에도 식욕 증진 작용과 소화 흡수를 돕는 작용이 있다.

알리신은 양파를 썰어 세포를 파괴해야 활성화하는데, 물에 잘 녹고 열에도 약하다. 따라서 물 세척은 최소한으로 하고 볶을 때는 기름을 사용하는 것이 좋다. 애초에 이 자극적인 물질은 동물을 쫓아내기 위해 만들었을 텐데, 인간에게 뜻밖의 혜택을 줌으로써 칭송의 대상이 되었고 결국 인류는 대번영을 이루었다.

양파의

기능성 성분 예

── 알리인(알리신)

── 휘발성 함황 화합물(황화물류 외)

── 쿼르세틴

적양파

- 알리인(alliin)은 원래 냄새가 없지만 가수 분해를 거쳐 알리신이 되면 강렬한 냄새를 풍겨 먹으려던 동물을 놀라게 한다. 더욱이 알리신은 공기에 닿으면 불쾌한 냄새가 나는 휘발성 황화 알릴이 되어 포식자들의 눈물을 쏙 빼며 쫓아 버린다. 참 잘 만들어졌다.

- 황을 소재로 하는 함황 화합물은 체내에 들어가면 항혈전, 항종양, 항천식 등의 약리 효과를 나타낸다. 가열 시 발생하는 사이클로알리인도 식이섬유를 녹이고 혈중 지방을 저하시키는 작용을 한다(武藤 외, 2014년).

- 쿼르세틴은 높은 항산화 작용을 한다. 항암, 항비만, 항바이러스 작용을 하며 위장의 보호자로서도 활약한다. 옛 가정에서의 이용법이 딱 맞았던 것이다.

품종이 의외로 다양하다

요즘은 노화 방지나 비만 방지 혹은 자양강장에 좋다고 선전하는 양파 추출물이 함유된 건강 보조제가 많은데, 양파도 다양한 품종이 있다. 미니 양파의 하나인 페코로스는 보통 어릴 때 수확한 것이다. 벨기에 샬럿은 야생에 가까운 품종이며 향이 매우 뛰어나 프랑스 요리에 필수적이다.

벨기에 샬럿

페로코스

♣ 야생미 넘치는 태양의 신부

치커리는 조금 촌스러운 매력이 사랑스러운 식물이다. 유난히 활달한 정원의 벗으로, 눈이 흩날리는 한겨울에도 기특하게 잎을 펼친다. 일본에서의 인지도는 매우 낮지만 유럽이나 중동에서는 큰 인기를 자랑한다. 약초로서의 빛나는 명성은 전 세계를 휩쓸었는데, 그중에서도 독특한 효능은 19세기부터 20세기 초까지 인기를 끌었던 사랑의 묘약이다. 흠모하는 이성에게 몰래 치커리 씨앗을 먹이면 그 마음을 쟁취할 수 있다고 한다. 이 효능은 누구나 시험해 볼 수 있다. 당장 내일이라도.

치커리는 상추(186쪽)와 아주 가까운 친척이지만 먹으면 눈살이 찌푸려질 정도로 쓰다. 상추도 원래는 몹시 쓴 채소였지만, 이들은 인간의 기호에 맞추어 도회적이고 세련된 채소로의 변신을 허락했다. 치커리는 이런 '우아함'을 완강히 거부하는 종족이다. 아무리 품종 개량을 해도 외형은 야생의 날것 그대로고 여전히 씹을수록 쓴맛이 난다.

식물로서의 기질은 혀를 내두를 정도로 건강하다. 심기만 하면 알아서 자란다고 할 정도. 루마니아에서는 태양신의 구애를 거절한 여성이 치커리로 바뀌었다는 오랜 전설이 남아 '태양의 신부'라는 별명이 있다. 그래서인지 햇볕이 잘 드는 곳이라면 어디든, 예를 들어 이스탄불의 경우 주유소 옆 황무지나 보도의 갈라진 틈에서도 허리를 쭉 펴고 푸른 꽃을 하늘로 뻗고 있다. 자생지 주변에서는 길가에서 흔히 볼 수 있는 식물이다. 일본의 기후에도 잘 적응한 치커리는 품종도 다양하여 텃밭을 간편하게 꾸미는 데 안성맞춤이다.

계속 쓰다는 이야기를 했지만, 치커리의 어린잎은 먹기 쉽다(성장하면 쓴맛이 난다). 그리고 친척인 상추가 내다 버린 '쓴맛'이야말로 우리 건강에 엄청난 혜택을 준다.

국화과 | 국화속

치커리

Cichorium intybus

원산지	유럽～중앙아시아 주변
재배 역사	3,500년 이상
생활사	다년생
개화 기간	5～10월

생육 양상 및 성질

일본의 폭염과 엄동설한에도 견디는 튼튼한 허브 채소. 햇볕이 잘 드는 곳에 심으면 스스로 쑥쑥 자라 건강히 지낸다. 비료는 퇴비 정도로도 충분. 훌륭하다.

라디키오 중 키오쟈 품종의 일종

라디키오 중 베로나 품종의 일종

특기 사항

일본에는 에도 시대에 들어왔다는 이야기가 있지만 확실한 자료는 없다. 오늘날 마트에서는 연백재배된 새싹을 팩에 포장해 판매한다. 이탈리아 등에서는 '라디키오'라 불리는 붉은 잎의 치커리가 특히 맛있다는 평가를 받고 있다. 비싸지만 재배는 매우 쉽다.

중독성 있는 'SLs'의 매력

태양신의 실연의 아픔, 혹은 부당한 구애의 결말을 맞은 딸의 고녀 탓일까? 치커리가 지니는 쓴맛은 일본과 호주에서 환영받지 못하고 있다. 반대로 이탈리아, 프랑스, 중국 사람들은 '그야말로 입맛을 돋우는 맛'이라며 앞다투어 재배한다. 이러한 문화의 차이는 조사할수록 흥미로워 이것저것 시도하고 싶어진다. 치커리를 좋아하는 사람들은 샐러드로 만들어 생식한다.

앞서 언급한 쓴맛 이야기로 돌아가자. 쓴맛의 대표적인 성분은 세스퀴테르펜 락톤류(sesquiterpene lactones: SLs)다. 이뇨 작용, 항염증 작용, 항말라리아 작용 외에 진통, 진정 작용까지 겸비하여 훌륭하다. 게다가 식욕 증진, 소화 촉진 작용까지 있다고 하니 건강에 더할 나위 없이 좋다(荒川浩二郎 외, 2008년).

인도의 전통 요법에서는 치커리를 수십 가지에 달하는 질병을 치료하는 데 이용하는데 AIDS, 당뇨병, 불면증, 남성 성 기능 장애의 증상을 완화하거나 치료하는 데 쓰인다. 약제로서 매우 귀한 것은 뿌리 부분. 여기에서 추출한 성분은 최근 약학 연구에서도 면역 조정 작용, 항종양 작용이 나타난 것으로 보고된다(Araceli 외, 1999년. 모두 실험 쥐를 사용한 실험 결과). 이 SLs라는 물질은 원래는 상추나 치커리가 자신의 잎과 뿌리를 지키기 위해 만든 것이라 여겨진다. 매우 높은 항박테리아 작용과 선충류를 죽이는 효과를 지니고 있기 때문이다. 치커리가 생성하는 SLs의 양은 상추에 비하면 어마어마하다(105쪽 표). 즉 그만큼 쓴맛이 나게 되는 셈인데, 익숙해지면 또 아주 맛있게 느껴지기도 해 신기하다.

엔다이브(40쪽)도 치커리의 친구다. 치커리나 엔다이브를 샐러드로 즐기고 싶다면 익숙해지기 전에는 소량으로 시작하면 좋다. 미몰레트 치즈 같은 치커리와 어울리는 치즈를 듬뿍 뿌리면 색채와 풍미가 단번에 살아나고 쓴맛도 덜어 내는 동시에 태양의 신부가 전하는 혜택은 그대로 받을 수 있다.

치커리의

기능성 성분 예

— 세스퀴테르펜 락톤류

— 안토시아닌류

— 이눌린

* 세스퀴테르펜 락톤류는 다수 알려져 있다. 쓴맛을 내는 것은 락투코피크린 등. 최근에는 진정 · 진통 · 불면증 개선 효과 등이 강조되는데, 만병의 근원이 되는 완만하고 만성적인 염증을 억제하는 작용과 간 기능 보호 · 보강 효과가 주목을 받고 있다.

* 안토시아닌류는 높은 항산화 작용이 알려져 있다. 항염증, 항종양, 항암 작용 등이 기대된다.

* 이눌린은 뿌리줄기에 많이 함유되어 있다. 단맛이 나는데도 혈당을 떨어뜨려 당뇨병 치료 효과가 기대되는 중요한 성분이다.

쓰지만 맛있는, 세스퀴테르펜 락톤류의 함유량 비교

		종류	세스퀴테르펜 락톤류 함유량($\mu g \cdot g^{-1}$DW)[v]		
			8-데옥시락투신	락투코피크린	합계
상추	재배종	결구상추	2.0±0.1	29.4±0.8	31.4±0.8
		버터헤드	0.0	58.8±1.4	58.8±1.3
		잎상추(적색)	0.0	90.2±2.7	90.2±2.7
		잎상추(녹색)	0.0	74.8±2.3	74.8±2.3
		줄기상추	0.0	71.2±1.6	71.2±1.6
		로메인	0.0	114.0±3.2	114.0±3.2
	야생종	*L. saligna*	1008.4±4.1	6.2±3.1	1014.6±5.5
		L. serriola	6.4±0.8	143.2±0.3	149.6±0.7
		L. virosa(189쪽)	49.8±0.5	327.6±1.4	377.4±1.9
치커리		*C. endivia*(엔다이브)	7.6±0.1	144.6±3.2	152.2±3.2
		C. intybus	216.4±5.9	308.4±0.8	524.8±6.7

(아라카와 고지로(荒川浩二郎) 외, 2008년에서 발췌 및 구성)

🌶 멕시코인들이 중독된 나무

고추는 나무다. 원산지 중남미에서는 높이 3미터까지 자란다. 게다가 의외의 습성이 있다. 외딴 숲이나 한가로운 들판에는 야생 고추가 없다. 이들이 어디에 모여드느냐 하면, 인간이 경작한 곳이다. 인간이 가꿔 놓은 밭에 드문드문 들어와 제멋대로 자란다. 즉 잡초, 잡목 같은 것이다. 이 잡초스러운 원종 고추야말로 최고의 맛을 뽐낸다고 하니 흥미로운 이야기다. 마야, 아스테카, 잉카 등의 문명권에서는 활발히 재배되었고 왕족이나 유력 인사들은 카카오 혹은 바닐라와 섞어 음료로 마셨다. 서민들도 고추를 즐겨 먹어 매 끼니 빠뜨리지 않았다고 한다. 현대 멕시코에서도 성인이 하루에 먹는 고추의 양은 시판 고춧가루 한 병(약 15그램)에 이른다고 한다. 입이 다물어지지 않을 정도로 무시무시한 양이다.

원산지에서 재배되는 것은 원종 5종과 여기서 파생된 10여 종. 반면 평소 우리가 먹는 것은 단 한 종류뿐이다. *Capsicum annuum*이라는 품종으로, 고추, 다카노츠메, 피망, 파프리카, 할라피뇨, 그 외의 기타 3,000종 가량이 여기에 속한다(한편 하바네로 칠리의 학명은 *Capsicum chinense*다).

원산지에서 고추는 요리에 맛있는 풍미를 더하거나 조림 및 볶음 요리의 육수 재료로서 확고한 위치를 차지하고 있다. 특히 귀하신 몸은 '원종' 고추. 앞서 언급한 나무에서 자라는 고추로, 작은 체리 같은 열매를 많이 맺는다. 요리에 사용하면 그 맛이 일품이라고. 잘 익은 것은 무서울 정도로 맵지만, 덜 자란 녹색 고추에는 '재배종에서는 사라진 맛과 향이 있다'라고 한다. 모종을 구하려면 학명 *Capsicum annuum var. aviculare*로 찾으면 된다.

가지과 | 고추속

고추

Capsicum annuum

원산지	중앙아메리카~남아메리카
재배 역사	8,500년 이상
생활사	1년생
개화 기간	6~9월

생육 양상 및 성질

튼튼한 모종의 경우 햇볕과 물만 제공하면 자란다. 퇴비나 액체 비료를 주면 잇따라 꽃을 피우고 주렁주렁 열매를 맺는 생기 넘치는 채소다.

만간지

후시미아마나가

노란 고추

특기 사항

일설에는 기원전 6,500년경 형성된 멕시코 유적에서 발굴되었다고 하나, 야생종은 아직 발견되지 않았다. 일본에는 16세기경에 들어왔다. 에도 시대에는 인기 채소가 되었으며, 매운맛이 거의 없는 후시미아마나가 고추 등이 보급되었다. 관상용으로도 즐겼다고.

░ 아픈 진통제

고추는 비타민 A, C, E, K 외에 항산화 작용으로 유명한 카로티노이드류를 듬뿍 생산한다. 일반적으로 다이어트 효과가 알려져 있는데, 캡사이신(capsaicin)의 작용으로 대사가 활발해져 체내에 쌓인 여분의 수분과 지방 등을 줄여 준다.

한편 세계의 각 재배지에서는 전통적으로 진통제로 사용되는 경우가 많다. 예를 들어 만성 피부병, 당뇨병성 신경병증, 혹은 대상포진(이는 특별히 '매운맛'으로 아프다)과 그 후유증인 심한 신경통을 완화시킨다. 어떻게 하느냐 하면, 고추 추출액을 크림에 섞어 환부에 바른다. 무슨 일이 일어날까? 상상하는 그대로 매우 따끔따끔하다. 얼마 지나지 않아 지각 신경의 끝부분에서 통각을 전달하는 P물질이나 신경펩타이드(신경세포 간에 신호를 전달하고 생체의 생리 기능을 조절하는 신경전달물질의 한 종류. -옮긴이)가 현저하게 감소하여 통증이 누그러진다(Palevitch 외, 1996년). 안쪽에서부터 확실히 통증을 가라앉히는 것이다. 나아가 피부의 탄력성도 조금 높여 준다는 보고도 있다.

고추를 세로로 갈라 보면 가운데에 하얗고 폭신한 부분이 있다. 이를 태좌(胎座)라고 하며, 캡사이신이 생성되는 가장 매운 부분이다. 매운맛에 익숙한 남미 사람들조차 하바네로 칠리를 먹을 때는 태좌를 제거한다. 하바네로 칠리를 먹으면 맵다는 느낌은 빠르게 지나고 '극심한 통증의 연속 폭발'이 일어나지만, 덜 자란 어린 녹색 열매를 생으로 먹으면 단맛과 감칠맛이 느껴져서 맛있다. 한편 신이 나서 체리 고추라고 부르는 품종의 어린 녹색 열매를 덥석 물면……. 절규. 고통. 물, 물, 물! 이 품종은 반대로 빨갛게 익은 것이 매운맛이 덜하고 감칠맛이 난다. 고추의 맛은 품종에 따라 판이하게 다르다. 일본에서 독자적으로 개량된 고추도 많은데 그 중 후시미아마나가 고추는 단맛이 강하여 맛있다. 이 고추로 만든 볶음 요리는 술꾼들의 침샘을 자극한다.

고추의

기능성 성분 예

— 캡사이시노이드(캡사이신)

— 루테올린, 퀘르세틴

— 비타민 C

'다카노츠메'

- 캡사이시노이드는 캡사이신을 포함한 매운맛 성분의 총칭. 고추에는 14가지 매운맛 성분이 함유되어 있는데, 일반 품종에서는 캡사이신과 디하이드로 캡사이신이 80~90퍼센트를 차지한다. 모두 높은 진통 효과를 보이고, 장의 연동 운동을 촉진하고, 식욕을 증진시키며, 에너지 대사를 활성화하는 작용이 알려져 있다. 영국의 한 연구에서는 인간의 에너지 대사를 약 25퍼센트나 촉진시켰으며, 작용 시간이 오래 지속된다는 점도 발견했다(河田, 1992년).

- 대개 고추는 열매가 성장함에 따라 매운맛이 증가한다. 즉 열매 크기가 가장 커졌을 때 가장 맵다. 참고로 맵지 않은 품종에도 에너지 대사 효과와 지구력 증진 작용이 있는 것으로 알려져 있다.

장난 아닌 매운맛

캡사이시노이드는 식물성 병원균을 강력하게 퇴치한다. 하바네로 칠리, 할라피뇨, 체리 고추는 몹시 매운 품종이지만 직접 키우면 과일 향이 나고 중독성 있는 맛을 즐길 수 있다. 하바네로 칠리는 세계 최고의 매운맛을 자랑했지만, 2017년에는 '드래곤즈 브레스'라는 품종이 1위 자리를 차지했다. 그 매운맛은 생사를 넘나들게 한다고.

하바네로 칠리

체리 고추

할라피뇨

난로 앞에서 데굴데굴

아메리칸 원주민의 민간전승에는 신기한 이야기가 많다. 신이나 무명의 용사가 스스로 희생양이 되어 굶주린 사람들을 위해 옥수수를 만들어 내는 모티브가 다수. 작물은 물건으로 취급해서는 안 되며 반드시 모두에게 나누어 주라는 조상들의 가르침이 가슴을 울린다.

세계적으로 가장 생산량이 많은 작물이 옥수수다. 주요 식량으로서의 역할은 물론 감미료나 풍미 증진제로 널리 쓰이고, 그 외에도 플라스틱 원료와 바이오 연료 등 화학 공업 분야에도 응용되어 더욱 넓은 가능성을 시사하고 있다. 오랜 세월 인류 생활의 구세주로 자리 잡고 있지만, 원료나 소재 등 '물건' 취급을 받는 경향이 있다.

반면 전통적인 이용법에서는 따스함이 느껴진다. 미국의 원주민인 테와족은 편도샘이 부었을 때 옥수수 열매를 벽난로 앞에 두고 거기에 발을 올려 데굴데굴 굴렸다고 한다. 그러다 신의 화신에게 천벌 받는 것이 아닌가 걱정되기도 하지만, 꽤 기분이 좋아 보여 시도하고 싶어진다. 이를 며칠 정도 계속하면 편도의 부기가 완전히 가라앉았다고 한다.

트리니다드토바고(중앙아메리카 카리브해 동남쪽에 있는 국가. -옮긴이) 사람들은 옥수수의 껍질을 차로 만들어 마셨다. 흐트러진 월경 주기를 바로잡기 위함이다. 아프리카계 미국인들도 옥수수 껍질을 감기나 독감 치료에 사용해 왔다.

말레이시아 농민들은 옥수수를 맛있게 만드는 비법을 알고 있다. 굵은 구멍을 뚫는 도구를 사용해 땅에 옥수수 씨앗을 심는데, 이때 심는 사람이 공복이 아닌 배부른 상태인 것이 중요했다. 그러면 두 배 이상의 옥수수가 열린다는 것이다(이상 Watts, 2001년).

미국의 원주민 나바호족은 옥수수의 꽃가루도 맛있게 먹는다. 수술을 따서 말리고 꽃가루를 모아 옥수수 경단에 뿌려 즐긴다(요시다 요시코, 『おいしい 맛있는 꽃』, 〈八坂書房〉). 저자는 '여기에 설탕을 섞어서 버섯처럼 먹어 보자'라고 권한다. 입이 즐거울 것 같다.

벼과 | 옥수수속

옥수수

Zea mays

원산지	멕시코 고원 등(상세 불명)
재배 역사	7,500년 이상
생활사	1년생
개화 기간	6~7월

생육 양상 및 성질

옥수수는 대식가다. 그리고 동료 그루가 많지 않으면 일에 집중하지 못하여 열매를 맺지 않는다(112쪽). 비료를 듬뿍 먹고 찬란한 햇볕을 받으면 만족스러운 표정을 지으며 쑥쑥 자란다.

유리 보석 옥수수

점박이 옥수수의 씨앗

미와쿠 옥수수의 암꽃

특기 사항

1492년 콜럼버스가 스페인으로 가져간 뒤 순식간에 전 세계로 퍼졌다. 일본에는 덴쇼 7년(1579년)에 들어왔다. 당시의 교통 사정을 생각하면 놀랄 만한 속도. 수확하면 바로 풍미가 떨어지므로 지금도 가공 공장 근처에서 재배된다.

즐거운 '세 자매 농법'

영양 면에서 옥수수는 비타민 B₁, B₂, E, 아연, 철 등을 함유하는 우량 채소다. 그 열매를 감싼 황금빛 수염 또한 상당량의 비타민과 항산화 물질을 지니고 있어서 허브차나 건강 보조제로서 전 세계에서 활약하고 있다.

바로 다음 쪽에서 볼 수 있지만, 옥수수는 다양한 색채를 자랑한다. 그중에서도 자색 옥수수는 안토시아닌류가 풍부하여 최근 주목을 끌고 있다.

한편 전 세계 사람들의 고민 중 하나가 '어떻게 하면 깨끗하고 맛있는 옥수수를 만드느냐'다. 한번 수확해 버리면 옥수수의 최대 매력인 특유의 식감과 단맛이 홀연히 사라지기 때문이다. 갓 땄을 때의 훌륭한 맛은 약 24시간 만에 완전히 달라지고 만다. 그래서 직접 키워서 먹기로 결심하면 이번에는 잠시만 한눈을 팔아도 토라져서 성장하지 않는다. 그렇다고 화성 비료(무기질 비료를 화학적으로 처리하여 비료로서의 복합적 효과를 거두기 위한 복합 비료. -옮긴이)에 의지하면 해충들의 먹이가 된다. 겨우겨우 무사히 자랐다고 해도 알이 듬성듬성 달린, 흉측하게 이빨 빠진 결과물은 흔히 있는 불행이다. 이 식물은 꽃가루를 다른 개체로부터 받아야만 만족스럽게 결실을 맺을 수 있다. 좁은 땅에 여러 그루를 직선적으로 배열하면 결실이 나빠지므로 많은 그루를 교대로 혹은 원형으로 배치하는 것이 좋다.

세 자매 농법이라는 유명한 전통 농법이 북아메리카 원주민들 사이에서 전해진다. 옥수수 옆에 강낭콩과 호박을 키우는 것이다. 몇몇 연구에 따르면 적어도 옥수수와 강낭콩은 뿌리에서 분비되는 유기 화합물의 궁합이 매우 잘 맞고, 토양도 비옥하게 만든다고 한다(실제로는 무수한 토양 미생물·균류·소동물이 관여한다). 이 사실을 모른 채 옥수수와 강낭콩을 함께 키운 적이 있는데, 과연 훌륭하게 자라 결실도 매우 좋았다. 기쁜 마음에 아내에게 자랑했더니 "이미 옛날부터 해 오던 방법인데?"라고 일축. 분하다.

옥수수의

기능성 성분 예

— 안토시아닌류, 카로티노이드류

— 비타민 B₁ · B₂ · E

— 단백질, 아연, 철

- 당질이 많다고 생각하기 쉽지만 비타민과 미네랄 등도 다양하게 함유되어 있다.

- 멕시코에서 가장 흔하게 볼 수 있는 옥수수 색깔은 보라색, 빨간색, 파란색이며 흰색도 있다. 이들은 황색 품종에는 없는 안토시아닌류, 카로티노이드류, 페놀류가 풍부해 항암 작용을 보인다. 친숙한 토르티야를 만들 때는 옥수수알을 석회 물에 담가 익힌다(이를 닉스타말화라고 한다). 단, 이때 의외로 안토시아닌류나 카로티노이드류의 손실이 두드러졌다는 연구 결과가 있다(L. X. Lopez-Martinez 외, 2011년).

흰 옥수수

흰 옥수수의 암꽃

멕시코에서 토르티야용으로 재배되는 전통 품종. 멕시코의 1인당 옥수수 소비량은 세계 최고 수준이다.

맞춤식 영양 식단

옥수수를 주식으로 삼으면 필수아미노산인 라이신과 트립토판 결핍을 일으킨다. 옛 멕시코인들은 옥수수, 호박, 강낭콩을 조합해 먹었다. 각각의 채소에 결핍되는 필수아미노산을 골고루 보완할 수 있는 황금 식단이다.

멕시코 요리의 명품 조연

한입 베어 물면 신선하고 과일과 같은 단맛이 입안 가득 퍼진다. 산뜻한 토마토 향부터 망고 향이나 파인애플 향 등등, 그 맛도 다양하다. 최근에는 고급 레스토랑이나 마트의 채소 코너에서도 볼 수 있는데, 남몰래 밭을 빠져나와 일본의 자연계에서 홀로서기를 시작했다. 이들은 특수 화합물을 활용해 매우 높은 생존 능력을 확보했다.

원산지는 세계 각지에 있지만, 멕시코의 테우아칸 계곡에 있는 유적(기원전 900~200년)에서 유물이 발견되어 그 재배 역사가 매우 오래된 것으로 밝혀졌다. 이 채소가 멕시코 사람들의 생활과 얼마나 밀접한지는 멕시코 음식을 먹으면 알 수 있다. 녹색 살사 소스는 토마티요의 미숙과를 듬뿍 사용하여 매운맛도 덜하고 먹기 편하다. 생으로 즐기기도 하고 과카몰리(살사의 일종)로 만들거나 디저트에 사용하는 등, 멕시코 요리에서 빼놓을 수 없는 재료다.

집에서 키울 경우 모종을 둘 이상 구매할 것을 권하는데, 이는 토마티요가 자가 불화합성 식물이기 때문이다. 즉 자웅동화라 한 그루에 수술과 암술이 모두 달려 있지만, 수술에서 꽃가루를 받아 암술에 수분해도 과실을 맺지 않는다. 한 그루만으로 전혀 결실이 없는 것은 아니지만, 수확은 많으면 많을수록 즐거운 법이다.

멕시코 주변에는 70여 종의 토마티요가 서식하고 있으며 주로 길가나 황무지에서 한가롭게 꽃을 피운다. 식용으로 쓰이는 것은 그중 극히 일부인데, 대다수는 일본의 꽈리와 마찬가지로 독성을 지닌다. 식용으로 쓰이는 품종은 수출용으로 대규모 재배되는 한편, 밭 밖에서도 잡초로서 무성히 자란다.

일본에는 전 세계의 식용 꽈리가 모여 호칭도 제각각이다(식용 꽈리, 토마티요 등). 원하는 품종이 있다면 학명으로 확인하면 된다. 아무튼 일본인들에게는 새로운 채소이기 때문에 여러모로 혼란에 빠져 있다.

토마티요
(식용 꽈리)

Physalis philadelphica

원산지	멕시코 주변 등
재배 역사	2,900년 이상
생활사	1년생
개화 기간	5~7월

생육 양상 및 성질

혼자 사는 것은 질색. 친구들이 있으면 크게 돌봐 주지 않아도 열매를 주렁주렁 맺으며 대축제를 펼친다. 화분에서도 건강하게 자라지만 땅에 심으면 더 크게 성장한다.

토마티요 퍼플

특기 사항

여러 가지 오해가 많다. 토마티요라 하면 대개 아메리카 대륙에서 건너온 '상큼한 토마토'의 풍미를 가진 것을 가리킨다. 한편 '식용 꽈리'라 불리는 것은 주로 유럽산으로 과일과 같은 풍미를 지닌다. 둘 다 마트에서 종종 볼 수 있다.

❦ 악성 종양을 쫓아내는 천재

꽈리속 식물들은 매우 특수한 성분을 만드는 재주가 있다. 이 사실을 멕시코인들은 오래전부터 경험적으로 알고 있었던 듯하다. 이들은 토마티요를 감염성 기관지염, 위장 장애, 발열, 기침, 편도염, 당뇨병 치료제로 사용해 왔다(Gollapudi 외, 2014).

토마티요 열매에서는 피살린류(physalins), 위타놀라이드류(withanolides)가 추출되었다.

피살린류는 각종 악성 종양의 증식을 억제하여 각광받는 물질. 토마티요는 이 피살린류 물질들을 뚝딱 만들어 낸다.

위타놀라이드류 또한 항종양 효과가 높은 것으로 알려지는데, 토마티요에서 16종이나 발견되었다. 대개 다른 식물로부터 정제한 것을 건강 보조제로 만들어 고기능 강정제 · 강장제로 선전 및 판매하고 있다.

보라색 열매를 맺는 품종의 토마티요에서는 풍부한 안토시아닌류가 발견되어, 이 또한 노화 방지에 관심이 많은 신사 숙녀들을 매료시키고 있다. 토마티요는 이러한 특수 유기 화합물 방위군으로 스스로를 견고히 지키고 있기 때문에, 새로운 환경 스트레스에도 굴하지 않고 높은 생존 능력을 발휘할 수 있다. 한편 사견이기는 하지만 과식은 피하는 것이 좋다. 꽈리속 식물들은 온몸을 알칼로이드류로 무장하고 있어서 인간의 신경계와 간, 그리고 신장에 매서운 일격을 가한다. 토마티요도 예외는 아니며 열매 이외에는 독성이 있다고 하여 사용되지 않는다. 일본에서 수행한 토마티요에 대한 안전성 연구도 적다.

한편 토마티요에 관해 곤란했던 일이 또 하나 있다. 수확 시기를 학수고대하다가 드디어 만반의 준비를 하고 토마티요의 껍질을 까 보니 "으악!" 벌레가 먼저 수확하고 있었다. 전부 다 그 모양이어서 아내가 발을 동동 굴렀다.

토마티요(식용 꽈리)의

기능성 성분 예

— 피살린류

— 위타놀라이드류

— 안토시아닌류(보라색 품종)

식용 '캔디 랜턴'

- 피살린류는 다수의 악성 종양 발생이나 증식을 억제하는 물질로서 최근 주목받고 있다. 일본의 꽈리에도 함유되어 있지만 일본의 꽈리는 독성이 강해 먹을 수 없다.

- 위타놀라이드류도 항종양 효과가 기대되며 강장제ㆍ강정제로 활발히 거론되고 있다. 이를 많이 생산하는 것이 토마티요다. 토마티요나 식용 꽈리는 최근 들어 인기가 높아져, 대형마트에 가면 모종을 쉽게 구할 수 있다. 주의해야 할 것은 헷갈리는 이름. 모종 생산자들도 정확히 알지 못하는 경우가 많다. 조심해야 할 점이 또 하나 있는데, 수확기가 되면 벌레들이 앞다투어 먹어치운다.

매혹적인 맛과 향

유럽산 식용 꽈리를 먹어 보면 눈이 휘둥그레진다. 과일 같은 맛에 향도 다양하다. 고급 프랑스 음식점이나 이탈리아 음식점에서는 애피타이저나 곁들임 요리로 맹활약하고 있지만 직접 키우면 투자 비용은 겨우 몇천 원. 몇 그루만 심으면 많은 수확을 기대할 수 있다.

식용 스트로베리 토마토

가족 모두가 즐길 수 있는 충분한 양이다. 일본에서의 인지도는 아직 낮지만 직접 키워서 먹기에 즐거운 채소다. 꼭 한번 도전해 보길 바란다.

식용 스트로베리 토마토

맹독을 가진 '사랑의 사과'

토마토와 인간의 역사를 두 단어로 표현하자면 '부조리' 그리고 '지리멸렬'이다.

기원전 500년경 멕시코 주변에서 재배된 토마토는 지금과 같이 크고 붉은 것이 아니라 작고 노란 토마토였다. 당시에 이미 교배가 진행되고 있었기 때문에 원종의 모습은 여전히 아무도 모른다.

대항해 시대, 아스테카 대지에서 유럽으로 끌려간 토마토들은 기막힐 정도로 기구한 역사를 거친다. 맹독 식물인 사리풀이나 만드라고라와 같은 계열이라 하여 독초로 여겨졌고, 마술이나 주술을 동경하는 한가로운 귀족이나 장성들이 은밀히 탐닉했다. 결과적으로 좋은 평판을 받았을 리 만무했다.

하지만 토마토는 따뜻한 지중해성 기후에 잘 적응하여 무럭무럭 자랐다. 이탈리아에서도 새로운 터전이 주어졌지만 줄기와 잎에서 나는 강렬한 악취 탓에 식용으로서의 인기는 여전히 없었다. 하지만 시적 정취가 풍부한 이탈리아인답게, 자연을 사랑하는 부인들이 '황금 사과'라 부르며 귀여워했고 덕분에 지중해의 햇살이 비추는 밝은 창가를 장식하게 되었다. 즉 열매의 색깔은 아직 노란색이었다.

이윽고 프랑스의 프로방스 지방으로 건너갔을 때는 붉은 토마토가 출현해 '사랑의 열매'라는 극찬을 받았다. 이 낯뜨거운 별명은 사실 착각의 산물이다. 이탈리아어로 토마토는 'pomo dei moro'인데, 일본어로 번역하면 '황무지의 사과'다. 이것이 프랑스에 들어올 때 최음제로 기능한다는 선정적인 소문에 펜도 놀라서 미끄러졌는지, 철자를 틀려 'pomme d'amour(사랑의 사과)'가 되었고, 이것이 또 그대로 영국으로 건너가 'love apple'이 되었다. 이 어처구니없는 유언비어가 토마토와 인간에게 돌아보기조차 망설여질 정도의 불행을 안겨 준다. 바로 마녀사냥이다.

가지과 ㅣ 토마토속

토마토

Lycopersicum esculentum

원산지	남아메리카(안데스 산맥)
재배 역사	상세 불명
생활사	1년생
개화 기간	5~8월

로마 토마토

생육 양상 및 성질

다양한 품종이 있고 성질에도 뚜렷한 차이가 나타난다. 기본적으로 햇볕이 약하면 금방 병이 생긴다. 햇볕이 잘 들고 거름이 있다면 방울토마토도 3미터가 넘는 높이로 자란다.

마이크로 토마토

마이크로 토마토

특기 사항

16세기 스페인 사람들에 의해 멕시코에서 유럽으로 유입되었다. 식용으로 쓰이게 된 것은 18세기 이후로, 그전까지는 관상용이었다. 일본에는 간분 연간(1661~1673년)에 들어왔다. 인기가 전혀 없어서, 메이지 시대 이전에는 먹는 사람이 드물었다고 한다.

마녀사냥과 과도한 찬양 사이에서

유럽 사회에서는 14세기경부터 마녀사냥이 시작되었다.

그 참혹함이 극에 달한 것은 17세기 초로, 토마토가 널리 퍼진 시기와 일치한다.

토마토는 맹독 식물들과 같은 계열로 취급되며 마녀들이 성애 의식에 약물로, 혹은 주술을 거는 맹독 주술 도구로 사용한다 여겨졌다. 토마토를 가지고 있거나 길렀던 흔적만으로도 거의 매일 많은 사람들이 누명을 쓴 채 검은 화염에 휩싸여 잿더미가 된 것이다.

18세기 이후에도 의사들은 토마토를 먹지 말라고 경고했다. 충수염이나 위암을 일으킬 위험이 있다는 이유 때문이었다. 감자처럼 각국의 재판장들이 재배 금지령을 내리는 일까지는 없었지만, 사람들의 뿌리 깊은 불신과 혐오는 거의 광기에 가까웠다. 한편 마녀로 몰려 처형된 희생자 중에는 죄 없는 약사, 뛰어난 산파, 가정주부 등이 있다. 이들은 토마토의 효능을 경험적·직관적으로 올바르게 인식하고 있었다.

토마토와 인간의 화해에는 이탈리아인의 공이 크다. 19세기에 접어들어 토마토에 소금, 후추, 올리브유를 첨가한 토마토 소스가 발명되자 유럽 사회는 손바닥 뒤집듯 태도를 바꾸고는 토마토를 찬양하는 목소리를 높이며 토마토 요리 시대가 열렸음을 진심으로 축복했다.

그 맛에 다들 어찌나 감동했던지, 유럽인들은 신대륙 아메리카를 개척하는 대사업을 시작할 때도 토마토를 잊지 않고 데려갔다. 결정타는 미국에서의 제2차 토마토 혁명이다. 1830년대에 케첩이 발명되었고 1897년에는 캠벨사(社)에서 토마토 수프를 탄생시켰다. 미국인들은 '토마토광'이라고 할 만한 음식 문화를 창조하고 전 세계 식탁을 온통 빨갛게 물들였다. 트럼프 전 미국 대통령은 스테이크에까지 케첩을 뿌려 먹는다고 한다.

토마토의

기능성 성분 예

— 라이코펜

— 나린제닌 칼콘

— 비타민 A · C · B$_6$

- 라이코펜(리코핀이라고도 읽는다)은 매우 기능이 많은 물질이다. 활성 산소의 활력을 빼앗음으로써 세포 조직(특히 세포막과 DNA)의 정상적인 활동을 보호한다. 암이나 종양을 예방하고, 면역 기능이나 호르몬 균형 조절 등에 활약이 기대되고 있는 물질. 수박, 핑크 자몽, 살구, 핑크 구아바 등에 풍부하다.

- 나린제닌 칼콘이라는 생소한 성분은 토마토 껍질에 함유되어 있으며, 알레르기 증상을 완화하는 성분으로 최근 주목받고 있다(실험 쥐를 사용한 실험 결과).

- 비타민 B$_6$는 지방과 신경계의 대사를 촉진하고 호르몬을 조절한다.

토마토가 맛이 없는 이유

가게에 진열된 토마토들은 익기 전 수확한 것들이다. 상품으로 선보일 무렵에 색이 들도록 계산해 수확하기 때문이다. 새빨갛게 익은 것처럼 보여도 사실은 덜 익은 것. 맛이 밍밍하다. 직접 기른 완숙 토마토를 먹은 사람은 누구나 "완전 다르다!"라며 놀란다. 품종과 맛이 다양하여 즐겁다.

그린 지브라

그레이트 화이트

낯 뜨거운 라이코펜 예찬

'러브 애플'같은 낯 뜨거운 별명은 뜻밖에도 몇 가지 진실을 담고 있었다.

토마토는 라이코펜을 잔뜩 생성한다. 이를 효율적으로 섭취하고자 한다면 생토마토보다 조리한 것이나 가공품(토마토 소스, 케첩, 살사 소스 등)을 추천한다.

라이코펜의 항암 작용에 관한 연구 논문은 알려진 것만 80건이 넘는다. 역학 연구에서는 위암, 폐암, 전립선암을 예방하고 증식을 억제하는 데 토마토가 가장 큰 효과를 나타냈다. 또한 간암, 대장암, 직장암, 식도암, 구강암, 유방, 자궁경부암에 대해서도 효과가 기대된다고 한다. 한편 72건의 논문을 면밀히 조사한 결과, 인과관계를 직접 증명할 수 있는 근거는 발견되지 않았다(Giovannucci, 1999년). 주의해야 할 것은 '토마토의 영양소가 몸에 매우 좋다'라는 데는 이견이 없다는 점이다. 그저 검증 방법이 까다롭다는 이야기다.

건강 보조제나 약의 세계에서는 '여러 유효 성분을 모아서 섭취하면 된다'라고 이야기하는 경향이 있다. 토마토에 항암 작용을 기대하는 경우도 마찬가지다. 정제된 라이코펜을 먹는 것보다 조리한 토마토의 맛을 즐기며 즐겁게 먹는 편이 훨씬 효과적이라는 연구도 많다(Sahl 외, 1992; Tonucci 외, 1995; Gartner 외, 1997년 등).

한편 인체에서 라이코펜이 가장 많이 축적되는 곳은 남성의 고환과 정소라고 한다. 라이코펜은 전립선암 치료에 있어서 주목받는 한편 '정력제가 되지 않을까'라는, 기도와도 같은 소망과 기대감이 세상을 떠들썩하게 한다. 연구 결과의 일부만 과장해 널리 퍼트리는 모양새가 마녀사냥과도 같다. 이 같은 사회 병리에 효과가 있는 채소는 아직 알려진 바가 없다.

미신과 오해

영국에서는 19세기에도 토마토가 암을 발생시킨다는 이야기가 떠돌았다. 1985년 영국 에식스주에 기록된 이야기로는 '작은 새들은 결코 토마토를 쪼지 않으며 벌레들도 갉아먹지 않는다고 하니 우리 인간도 토마토를 절대 입에 대지 말아야 한다'라는 것이다(『イギリス植物民俗事典영국 식물민속사전』에서).
토마토에 독성이 있다는 설은 무지한 사람들의 착각으로 여겨지기 쉽지만 사실은 그렇지만도 않다. 토마토 열매에는 미량이지만 독이 있다.

아이코

토마틴(α–tomatine)은 동물 세포를 죽음에 이르게 하는 성분으로, 감자에 들어 있는 솔라닌이나 차코닌과 같은 글리코알칼로이드류다. 성장 과정에 있는 덜 익은 토마토는 토마틴으로 식물성 병원균과 곤충으로부터 자신을 강력하게 보호한다. 반면 완숙

쁘띠 푸요

토마토는 토마틴 함유량을 급격히 떨어뜨린다. 이때는 오히려 자신들을 동물이 잡아먹어야 세력 확장으로 이어지기 때문. 사실 덜 익은 토마토의 토마틴 함량도 미량에 지나지 않아 사람이 먹어도 큰 문제는 없다.

한편 열매 이외의 부분(잎, 줄기)에도 독성이 있다. 해외에서는 허브차로 마시기도 하고 일본에서는 튀김 등으로 식용하는 경우도 있으나, 신장 또는 간 기능이 약한 사람은 특히 피해야 한다. 건강한 사람이라도 구역질이나 두통에 시달릴 수 있다.

토마토의 상태와 토마틴 함유량의 관계

단위 : mg/kg FW

	검사 수량	토마틴 함유량(평균)
결실 후 3주차(초록색 · 미숙)	3개	353
결실 후 6주차(초록색 · 미숙)	3개	165
결실 후 8주차(붉은색 · 완숙)	3개	5.75

(아사노(浅野) 외, 1996년에서 발췌 및 구성)

123

🍆 세간의 평판도 가지가지

날이 갈수록 탱글탱글 자라나는 모습이 너무나 사랑스러운 가지. 그러나 한때는 인간을 혼란에 빠뜨리고는 웃음 짓던 때가 있었다.

인도와 중국 남부 등의 열대 아시아에서는 지금도 야생 가지들이 명랑하게 살고 있다. 2,300여 년 전부터 재배가 시작되어 식용·약용으로 널리 쓰였지만 옛날 사람들의 평가는 그다지 좋지 않다. 고대 산스크리트어 문헌에는 '마약성과 최면성이 있어서 위험하다'라고 나와 있고, 11세기 튀르키예 문헌에는 '농가진, 상피병, 불면증, 신경증 등 여러 질병의 원인이 된다', '잘 익은 열매를 꼼꼼히 손질한 뒤 먹어야 한다'라고 기술되어 있다.

12세기 이후 유럽으로 건너간 이후의 산전수전 스토리는 유명한데, 서구인들은 가지를 향해 '억센 사과', '광기의 사과'라며 악을 썼다. 특히 정신적으로 극심한 손상을 입히는 독초라 하여 몹시 싫어했다. 그럼에도 18세기 미국 제3대 대통령 토머스 제퍼슨은 적극적으로 가지를 수입했다. 농사에 진심이었던 그는 새로운 농기구를 발명하기까지 한 사람으로 가지에 적지 않은 경의를 품고 있었다. 하지만 그것도 잠시, 19세기 미국 시민들은 가지를 식용이 아닌 관상용으로 이용했다.

일본에 들어온 것은 8세기경. 에도 시대에 접어들면서 명성이 크게 높아졌다. '첫째 후지산, 둘째 매, 셋째 가지(一富士二鷹三茄子)(새해 첫 꿈에 등장하면 운세가 좋은 것들. -옮긴이)'라는 말이 생겨날 정도. 이는 도쿠가와 이에야스의 영지인 스루가에서 보았을 때 '높은 것'을 순서대로 나열한 것이라고 하는데, 첫째로 후지산이 가장 높고 둘째로 아시타카산('타카(鷹)'는 매를 뜻한다. -옮긴이)이 높이 솟아 있었다. 그리고 가지가 대단히 '높은' 가격이었던 데서 유래한다. 다이묘(각 지방의 영토를 다스리고 권력을 행사했던 유력자. -옮긴이)들끼리 선물로 주고받을 정도의 고급 사치품이었다고 한다.

한편 가지의 영어 이름은 '에그플랜트(eggplant)'인데, 원래 원산지 주변에는 둥근 흰색 모양의 가지가 많았기 때문이다. 고대 현지어로도 '알 같은 열매가 열리는 식물'로 불렸다.

가지과 | 가지속

가지

Solanum melongena

원산지	인도 주변(추정)
재배 역사	2,300년 이상
생활사	1년생
개화 기간	5~10월

계란가지

생육 양상 및 성질

기본적으로는 건강 체질 그 자체. 비료를 잘 주면 잇따라 왕성한 열매를 맺는다. 같은 장소에서 키우고 싶다면 유기질 비료를 매년 충분히 뿌리면 된다.

토고가지

리스타다 데 간디아

특기 사항

덴표쇼호 2년(750년)에 일본에 들어왔다. 그 이후 줄곧 귀하게 재배되었다. 한편 유럽에는 13세기에 유입되었지만, 인기가 전혀 없어 보급되지 않았다고 한다. 원산지 주변에는 흰색이나 녹색 가지가 많다. 흰색 품종은 익으면 아름다운 연노란색으로 변한다.

77가지 병을 잡는 채소의 왕

민간요법에서 약용으로써의 쓰임은 우리의 상상을 훨씬 초월한다. 지난 2014년 메이어(R. S. Meyer) 연구진이 인도와 아시아 각지에서 설문조사를 실시한 결과 77종의 질환에 사용하는 것으로 나타났다.

예를 들어 편두통, 신경 쇠약, 불면증 등의 완화, 기억 보존 효과, 진정 효과 등등. 주의 사항으로서는 '두통을 일으킬 수도 있다. 과식은 피하는 것이 좋으며, 몸이 약해졌을 때도 피한다'라고 언급하고 있다. 온몸의 기관을 돌보는 데 사용되며 각각 세심한 주의점도 확립되어 있어, 가지 문화의 깊이에 탄복하고 말았다.

약리학 관점에서는 탁월한 항산화 작용이 기대된다. 채소 120종의 항산화 작용을 비교 조사한 연구에서 가지의 항산화 작용은 10위 안에 들었다 (Yang, 2006년). 나수닌(nasunin)은 색소의 일종으로 보라색 가지 껍질에 많이 함유되어 있으며 나쁜 산화 물질을 제거하는 기능이 뛰어난 것으로 알려진다. 그럼 꼭 보라색 가지를 먹어야 하는 걸까?

보라색, 흰색, 녹색, 줄무늬까지 가지는 풍부한 색채를 자랑한다. 아시아에서 재배되는 35가지 가지를 조사한 결과, 가장 항산화 작용이 높았던 품종은 흰색 바탕의 녹색 줄무늬 가지였다(Hanson 외, 2006년). 게다가 열매가 작은 가지일수록 항산화 물질이 고농도로 존재하는 경향을 보였다. 의외일 수도 있지만 가지는 환경 변화에 매우 민감한 식물로, 그때그때 상황에 따라 항산화 물질의 생성량을 계속해서 바꾼다. 즉, 일정하지 않다.

이렇게 수많은 연구가 진행된 이유는 가지가 원산지 주변에서 '채소의 왕'이라 불리기 때문이다. 열대 지방이 우기를 맞이하면 작물들은 힘이 없어지는데 가지만은 늘 주렁주렁 열매를 맺는다. 소중한 영양원이자 소작농의 귀중한 수입원으로, 사람들에게 살며시 다가가 그들의 삶을 보살피는 자상한 임금님이다. 고마운 존재가 아닐 수 없다.

가지의

기능성 성분 예

├ 나수닌(껍질)

├ 클로로젠산(과육)

└ 비타민 C

물가지

- 나수닌은 안토시아닌류의 일종으로 강력한 항산화 작용, 항종양 작용, 항동맥경화 작용 등이 알려져 있다. 보라색 가지에 풍부하며, 일반적으로는 흰색이나 녹색 가지에는 없다고 알려져 있으나 반드시 그런 것은 아니다. 겉보기에 색이 옅어도 껍질이나 과육에 적지 않게 함유되어 있는 품종이 있다(竹内 외, 2004년). 항산화 작용에 대해서도 흰색이나 녹색 품종이 높은 경우도 있다(이 내용은 126쪽에서 살펴보고 왔다).

- 비타민이 들어 있지 않다고 기술하는 책도 많지만, 가지에는 비타민 C가 있으며 연구 사례도 다수 있다. 여기서 재미있는 것은 상처 입은 가지의 반응. 가지를 자르면 24시간 후 상처가 없을 때보다 비타민 C 함유량이 많아진다고 한다. 반면 나수닌은 가지를 자르고 24시간 뒤 급격히 감소하지만, 48시간 후에는 상처가 없을 때보다 증가했다(竹内 외, 전게 논문). 참으로 흥미롭다.

루이지애나 롱

사이타마 다이마루아오 가지

전혀 다른 매력

가지는 환경 변화나 차이에 유난히 민감한 생물이다. 생각해 보면 튀르키예에서 먹은 가지의 맛은 감동적이었다. 맛은 깊고 식감은 유쾌했다. 품종과 조리법이 바뀌면 가지는 전혀 다른 매력을 뽐낸다.

밭에서 번식하는 '문어발' 채소

부추는 다소 특이한 뿐야에서 활약한다. 그 씨앗이 자연 유래 ED치료제로서 주목받고 있는 것(Guohua 외, 2009년. 실험 쥐를 사용한 실험 결과). ED치료는 많은 이들이 열을 올리며 힘쓰는 분야지만, 여기에 대한 부추의 효과는 사실 확실히 알려진 바가 없다.

우리를 괴롭히는 부추의 첫 번째 특징으로는, 출생지가 미묘하게 불분명하다는 점이다. 동아시아가 원산지로 중국에서 일본으로 건너왔다는 설이 일반적이지만, 일본의 산과 들에도 고대부터 존재했기 때문에 '일본도 원산지 중 하나가 아닌가'라고 주장하는 학자도 있다.

두 번째는 '번식의 화신'이라는 점. 씨를 날리고 퍼트려 여기저기 뿌리를 내린다. 포장된 도로나 아스팔트의 갈라진 틈에서도 활기차게 꽃을 피우는 모습은 이미 친숙한 광경으로, 사람이 재배하지 않아도 번식할 수 있다. 채소를 키우는 입장에서는 이보다 편리할 수 없는 셈으로 처음에는 기쁜 마음이 든다. 하지만 온 가족이 먹다 보면 이내 물리고 만다.

그래도 부추는 노래하듯 아주 사랑스러운 꽃을 피운다. 제법 감미로운 목소리인지, 나비와 파리는 물론 해충을 쫓아내는 사냥벌들이 앞다투어 꽃 테이블에 오른다. 그렇게 수분이 이루어지면 새로운 아이들을 세상에 내보낸다.

채소로 재배하는 것은 주로 아시아권이지만, 미국이나 유럽에서는 약초원이나 주택 앞마당에서 사랑을 받고 있다. 어쨌든 정원에서는 몇 년 안에 '정리'가 필요할 정도로 번식한다. 그 모습이 마치 문어발 같다.

부추 요리는 식욕을 돋운다. 뿌리에 가까운 흰색 부분이 가장 향미가 풍부하고 맛이 좋다. 이 향미 성분에는 뛰어난 효능이 담겨 있는데, 그 유래를 거슬러 올라가 보면 매우 부추스럽게 도무지 모르겠다는 생각이 든다.

수선화과 | 부추속

부추
Allium tuberosum

원산지	동아시아, 일본
재배 역사	2,000년 이상
생활사	다년생
개화 기간	7~9월

생육 양상 및 성질

심으면 제멋대로 번식한다. 다소 엄격하게 키우면 다른 허브와 마찬 가지로 풍미가 훨씬 강해진다. 햇 볕을 아주 좋아한다.

부추의 씨앗

특기 사항

6세기 경에 집필된 고대 중국의 농업서 『齊民要術제민요술』에는 '한번 씨앗을 뿌려 두면 오랫동안 수확할 수 있는 게으름뱅이용 채 소'로 소개된다(『日本の野菜文化 史事典일본 채소문화사사전』). 작 은 동물들에게도 인기 있다. 아름 다운 나비나 해충의 천적들이 잔 치를 즐기러 모여든다.

♣ 종잡을 수 없는 유황

채소를 먹으면 암 예방에 도움이 된다는 사실은 이제 모르는 사람이 없다.

부추도 효능이 뛰어난 채소다. 잎이 생성하는 몇몇 성분은 혈액 순환을 촉진하는 순환 기능 개선 작용, 항암 작용, 항알레르기 작용을 한다. 그중 특히 탁월한 능력을 발휘하는 성분은 황화물(sulfides). 황화물을 대량으로 생성할 수 있는 '꿈의 부추' 개량이 활발히 진행되고 있을 정도다.

이 황화물의 움직임을 살펴보면 참으로 기묘하다.

부추는 뿌리에 당분과 영양을 듬뿍 쌓는다. 설령 수확되더라도 풍부한 재산을 밑천으로 새로운 잎을 잇따라 기를 수 있다. 물론 수확 직후에는 잎을 키우기 위해 비축해 둔 양분을 쏟아내기 바쁘기에 자주 수확되면 잎의 당분이나 영양분도 점점 줄어든다(그래도 1년에 5번 정도는 괜찮다). 반면 황화물은 다르다. 수확할 때마다 오히려 늘어나는 것이다(齋藤容德 외, 2011년).

사실 부추는 황화물이 없어도 아무 문제 없이 성장할 수 있다. 그런데도 귀중한 에너지를 낭비하면서까지 고농도 황화물 제조에 필수적인 물질을 신나게 합성한다. 게다가 수확할 때마다 그 물질의 농도를 높여 간다. 도무지 이유를 모르겠다. 효능이 뛰어난 황화물이 증가하는 것은 고마운 일이다. 그래서 그 원료가 되는 황(Sulfur)을 비료로 제공하면, 일단 번식은 하되 제공한 비료의 양과 만드는 황화물의 양이 반드시 비례하지는 않는다는 사실을 알 수 있다. 부추는 속이 들여다보이는 호의라면 딱 질색인 모양이다. 이상한 데서 까탈을 부린다.

먹으면 치아 사이에 끼어 성가시게 하고, 밭에 심으면 도망치는 등 여러 모로 수고가 드는 생물이다. 무엇을 하고 싶은 건지 파악이 되지 않는 면도 많지만, 함께 생활해 보면 꽤 즐겁다.

부추의
기능성 성분 예

─ 메티인, 알리인

─ 비타민 $B_2 \cdot C$

─ 칼륨, 칼슘

부추의 씨앗

* 메티인과 알리인은 엽육세포에 쌓여 있는데, 인간이 먹으면 효소 반응에 의해 황화물로 변한다. 이것이 높은 항산화 작용, 항동맥경화 작용, 항암 작용, 항알레르기 작용을 한다. 부추를 먹으면 몸이 뜨끈뜨끈해지는 것은 황화물에 의한 혈류 증가 작용 때문으로 알려져 있다. 그 재료가 되는 메티인과 알리인이 많을수록 황화물도 다량 생산한다.

* 비타민 B_2는 체내에 흡수되면 영양 대사에 깊이 관여한다. 인체의 건전한 성장을 촉진시키거나 점막과 피부를 보강하는 것으로 알려져 있다.

메티인과 알리인의 부위별 함유량
단위 : μg/g (생중량)

	뿌리	뿌리·잎 연결부	잎 중간	잎 끝
부추 양생기(9월)	1128	4019	533	1056
부추 양생기(11월)	4991	2608	2748	2470
수확·1차	2804	2476	3472	3444
수확·2차	2205	2820	3741	3652
수확·3차	1661	4321	4100	2166

(사이토 요시노리(齋藤容德) 외, 2011년에서 발췌 및 보완)

유황 비료를 늘렸을 때 기능성 성분의 변화
단위 : μg/g (생중량)

시비량	메티인	알리인	합계
표준량	1408	26	1434
유황 비료 2배	1982 ↑41%	27	2009 ↑41%
유황 비료 5배	1739 ↑24%	51 ↑100%	1709 ↑25%

(사이토 요시노리(齋藤容德) 외, 2011년에서 발췌 및 보완)

> ➡ 부추는 성장하는 과정에서 메티인과 알리인을 저장하는 부분을 크게 바꾼다. 또 유황 성분을 비료로 주면 기능성 성분을 많이 함유하게 되는데, 비료의 양이 너무 많으면 그 효과가 오히려 줄어든다.

🌷 야뇨증, 해결해 드립니다

당근은 천천히, 사랑스럽게 성장한다. 땅에서 귀여운 머리를 쑥 내밀고 장식깃 같은 잎을 펼치고 바람과 논다. 이 모습에 마음을 빼앗기지 않는 가드너는 없을 것이다. 원래는 약용 식물로 재배되었는데, 그 역사는 너무 길고 오래되어 수수께끼와 같다. 학자들의 추측으로는 기원전 3,000년경에는 이미 아프가니스탄을 포함한 이란 고원 부근에서 재배되고 있었을 것이라고 한다. 기원전 2,000년경에는 이집트에 전해졌고(사원 벽화에 당근의 모습이 그려져 있다), 고대 그리스 · 로마 시대에 이르러서야 사람들은 의약품으로서의 가치를 인정했다. 그런데 우리가 평소 먹는 부분에는 별다른 흥미를 보이지 않고, 재배 2년 차에 생기는 씨앗을 아끼고 존중했다.

디오스코리데스는 당근을 이렇게 설명했다. "당근의 씨앗은 월경을 촉진하고, 그대로 복용하면 종종 극심한 통증을 수반하는 배뇨 곤란, 수종(水腫), 늑막염에 좋은 약이 되며 해로운 동물에게 습격당하거나 물렸을 때도 효과가 있다."

근대에 이르러서는 색다른 이용법이 고안되었다. 어린이의 야뇨증을 치료하고 싶을 때 '근을 도려내고 거기에 아이의 오줌을 잔뜩 부어 굴뚝 속에서 건조시키면 좋다'(Hand 외, 1981년). 이러한 '당근 주술 치료'는 19~20세기에 걸쳐 미국에서 있었던 일을 기록한 것으로(Mathias, 1994년) 상당히 최근까지 행해지고 있었다. 의외로 효과가 있었는지도 모를 일이다.

당근 하면 주황색 혹은 빨간색이 떠오른다. 그러나 원종 계열(고대 이집트 벽화의 당근 등)의 경우 어두운 자주색을 띠며 매우 가늘어 볼품이 없었다. 이러한 원종에 가까운 품종은 오늘날 일본에서도 구할 수 있다. 의외로 단맛이 강하고 맛있다.

미나리과 | 당근속

당근

Daucus carota var. sativa

원산지	아프가니스탄 주변
재배 역사	5,000년 이상
생활사	1~2년생
개화 기간	6~8월

생육 양상 및 성질

상당히 까다롭다. 우선 발아하기까지 꽤 시간이 걸린다. 발아해도 물이 부족해지면 어릴 때 대부분 죽고 만다. 성장도 느리다. 단, 상태를 자주 살펴 주면 확실한 수확을 약속한다.

고야스 산존

고야스 산존
코스믹 퍼플

당근밭

특기 사항

야생종에 가까운 품종에는 검은색이나 흰색 계열도 많은데, 보기에는 좋지 않아도 맛은 진하고 달콤하다. 일본에 유입된 것은 16세기경. 『農業全書농업전서』(1697년)에서는 '맛에 품위가 있어, 텃밭에 꼭 필요한 존재'라며 극찬했다. 금세 일본 전역으로 퍼져 나갔다.

♣ 비타민 A의 효능과 위험

당근의 잎은 대단히 우아하다. 17세기 유럽의 귀부인들은 화려한 무도회에서 깃털 장식의 대용품으로 즐겨 사용했다. 독특한 향이 있고 맛이 좋아 샐러드 재료로도 쓰인다. 또한 꽃은 청초한 매력을 지녀 오늘날에도 부케나 예술 작품에 널리 사용된다.

당근에 함유된 카로티노이드류(베타카로틴 등)는 시력 유지와 회복에 확실한 효과를 보이는 것으로 알려져 있다. 제2차 세계대전 때 독일군의 공습이 계속되는 런던에서 당근이 자취를 감춘 적이 있다. 한 영국 공군 병사가 야간에 다수의 독일 군기를 격추시켰는데, 영국군이 '영웅이 된 병사는 당근으로 시력을 강화했다'라고 발표했고 시민들도 스스로를 보호하기 위해 당근밭에 몰려든 것이다. 이후 실제로는 극비리에 개발된 레이더가 이끈 승리였다는 사실이 밝혀졌다.

한편 카로티노이드류가 체내에 들어오면 그중 일부는 비타민 A로 변해 안구 망막의 신진대사를 촉진하여 암순응 기능을 향상시키고 어두운 곳에서 잘 보지 못하는 야맹증(비타민 A 결핍에 기인하는 유형)을 개선하는 데 쓰인다. 피부 미용 효과와 면역계 강화 작용도 기대되며, 카로티노이드류 자체도 높은 항산화 작용이 알려져 암 치료 및 예방약으로 높은 평가를 받고 있다.

이러한 당근의 혜택을 누리기 위해서는 역시 약간의 주술이 필요하다. 베타카로틴은 지용성 물질로, 물에 잘 녹지 않는다. 그대로 삶거나 굽기보다는 기름에 볶는 방식으로 조리하면 체내에 녹아들어 흡수가 쉬워진다. 그 효과는 3배에서 크게는 10배나 차이 난다고 하니 무시할 수준이 아니다.

한편 비타민 A의 과다 섭취는 중독 사고의 원인이 된다. 두통, 구역질, 관절염을 일으키는 것이다. 건강 보조제 때문에 자주 발생하는 사고로 채소에서 섭취하는 정도는 안전하다.

당근의
기능성 성분 예

— 카로티노이드류

— 페놀류

— 비타민 C, 칼슘

긴비

당근은 카로티노이드류의 보고. 알파카로틴, 베타카로틴, 크산토필, 루테인, 라이코펜, 베타크립토잔틴 등 놀라울 정도로 다양한 기능성 성분을 양산한다. 베타카로틴이나 베타크립토잔틴은 소장에서 흡수되면 비타민 A로 변환돼 온몸을 누빈다. 흥미롭게도 비타민 A를 과다 섭취하면 중독을 일으키지만, 그 재료가 되는 카로틴류(carotenes)는 대량 섭취해도 중독되지 않는다. '전부 비타민 A로 변환시키지 않는' 제어 시스템이 인체에 갖춰져 있기 때문이다. 함유량은 품종에 따라 큰 차이가 있다(하단 그래프 참조).

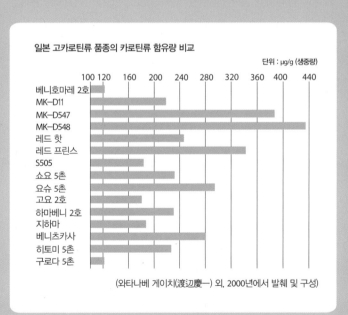

일본 고카로틴류 품종의 카로틴류 함유량 비교

단위 : μg/g (생중량)

(와타나베 게이치(渡辺慶一) 외, 2000년에서 발췌 및 구성)

전쟁과 문명의 원동력

이슬람 문화권의 신화에 따르면 인간의 타락을 지켜본 사탄이 에덴 동산을 떠날 때 왼쪽 다리가 먼저 땅에 닿았고 그곳에 마늘이 싹텄다. 오른쪽 다리에서는 양파가 나왔다(Emboden, 1974년). 흡혈귀나 악마가 마늘 냄새를 몹시 싫어하는 것은 '최종 보스' 사탄의 기운이 깃들었다고 여기기 때문인지도 모르겠다. 인간 세상에서도 회장님이나 사장님의 인기척은 누구나 싫어하므로 이해가 간다.

사탄이 어깨춤을 추며 반길 만한 사건이라 하면 큰 전쟁을 꼽을 수 있다. 인간 세상에 전쟁이 일어나면 마늘과 양파가 인명 구조 분야에서 활약한다. 이는 결국 부상병을 회복시켜 다시 전선으로 보내는 '후방의 무기'가 되어 전쟁을 오래 끌게 만들었다. 사탄을 미소 짓게 만들었으리라.

고대 그리스 · 로마인들도 전쟁을 치르며 마늘을 대량으로 소비했고(Petrovska&Cekovska, 2010년), 제1차 세계대전에서 마늘은 '러시아의 페니실린'이라 불리며 러시아군의 중요한 군사 연구 과제로 여겨졌다. 마늘은 부상자에게 부담 없는 치료제로 상처 치료뿐만 아니라 패혈증 등 감염병 예방에 높은 효능을 보였다. 저렴한 가격에 대량으로 입수할 수 있으므로 전쟁 비용을 억제해 국민의 부담을 덜어 주었다. 곧 독일군도 마늘에 주목해 마늘의 활용 방안을 찾는 대규모 연구에 매진했다.

거대 국가의 최고 권력자들은 시대와 지역을 막론하고 마늘 연구에 열의를 쏟았다. 이들이 막강한 문명과 권세를 자랑하기 위해서는 무수한 사람들의 수고가 필요했고, 이를 뒷받침하는 에너지원에 대한 보다 유리한 활용법을 고안해야 했을 것이다. 그중 가장 중요한 것이 음식과 약물을 겸하는 마늘이었다. 한편 그 실제 효능에 주목해 보면 음흉하게 미소 짓는 사탄의 얼굴이 떠오른다.

마늘

Allium sativum

원산지	중앙아시아
재배 역사	5,200년 이상
생활사	다년생
개화 기간	5~6월

생육 양상 및 성질

채소 매장에서 발아한 것을 구입해 구근 크기의 3배 깊이로 심으면 생태 관찰을 시작할 수 있다. 꽃의 아름다움은 말로 다 표현할 수 없을 정도.

특기 사항

일본에는 고대에 중국에서 전해진 것으로 여겨진다. 『農業全書농업전서(1697년)』에서는 '더위를 먹지 않도록 매일 조금씩 섭취해야 하며 (……) 효능이 많으니 가정에서 반드시 키울 것'이라며 극찬했다.

독과 약은 한 끗 차이

마늘이 가진 약으로서의 명성과 적응증(어떠한 약제나 수술 따위에 의하여 치료 효과가 기대되는 병이나 증상. '마늘이 고지혈증에 대한 적응증을 확보했다'처럼 쓰인다. -옮긴이)은 이제 두말할 나위 없지만, 한편으로는 불분명한 부분도 많다.

중세에는 심장병 및 장티푸스, 이질, 페스트, 열병 등의 각종 역병에 뛰어난 예방약으로 쓰였다. 근현대에는 강대국의 군부가 연구할 정도의 효과가 알려지면서 고지혈증, 당뇨병, 심근경색에 대한 증상 완화 및 치료, 각종 암 치료 보조제로서의 기능, 그 외에 발암 물질에 대한 억제, 간 기능 보호, 면역 강화, 해독 작용, 산화 물질에 대한 저항력 강화(노화 방지 포함)에 '큰 효능이 기대된다'라고 말하는 논문이 산더미처럼 쌓였다.

한편 갈아 낸 생마늘은 화학 성분이 매우 불안정해져 위를 상하게 한다. 즉 100가지나 되는 유기 황 화합물이 아주 짧은 시간에 탁류처럼 몰려드는데 이들은 효소 반응이나 산화 반응을 거치며 자신들의 구조를 어지럽게 바꾼다. 이때 생성되는 몇몇 물질이 위에 손상을 입혀 알레르기 반응을 일으키기 쉽게 만드는 것이다(이상 Desai 외, 1990년; Nakagawa 외, 1980년; Lybarger 외, 1982년). 마늘은 항상 독과 약 사이에서 아슬아슬하게 줄타기를 한다. 독성(자극)을 약화시키기 위해서는 물에 삶거나, 찌거나, 굽거나, 건조하는 등의 조리 과정을 거치는 편이 효과적이다.

마늘에는 알리신이라는 물질도 함유되어 있다. 알리신은 피로 회복, 신진대사 향상, 혈액 순환 개선 작용이 있다고 알려져 있으며 건강 보조제로 만들어져 판매된다. 사실은 이 또한 불안정한 물질로, 상업적인 제조 과정에서 금방 변화하고 만다. 손쉽게 구할 수 있는 영양제를 복용한 후 검사를 시행했는데 혈중에 알리신이 존재하지 않았다는 보고도 있다.

이렇게 불안정한 물질에 안정적인 항생 작용을 기대할 수 있을 리가 없다. 전쟁 중 부상병들에게 마늘의 어떤 부분이 효과를 주었는지도 확실히 알 수 없다. 하지만 실제로는 약효가 잘 들었다고 한다.

마늘의
기능성 성분 예

— 알리인(알리신)

— 디알릴 디설파이드

— 스코르디닌

- 마늘이 상처를 입으면 알리인이 효소와 반응하여 알리신으로 변한다. 알리신은 항발암 작용, 항혈전 작용, 항균 작용, 항염증 작용 외에 체내 기관의 노화를 억제하는 작용이 기대되고 있다. 최근 약 15년간 전 세계 연구자들이 효능 조사를 위해 임상 연구를 계속하고 있지만 대부분 미해결 상태(Capasso, 2013년).

- 알리신은 즉시 변화하여 디알릴 디설파이드가 된다. 교감신경 말단에서 노르아드레날린의 분비를 촉진한다(혈압 상승, 운동 기능 향상 등).

- 스코르디닌은 자양 강장 성분으로 알려지며 세포 재생을 촉진시키는 효과가 기대되고 있다.

흑마늘   마늘종

없으면 곤란하다!

제대로 키우기 위해서는 유황분과 석회분이 필수다. 비늘줄기(짧은 줄기를 둘러싸고 있는, 양분을 저장하는 확대된 잎을 가진 땅속줄기. –옮긴이)는 이들을 필사적으로 모아 줄기와 잎으로 보낸다. 줄기와 잎은 알리인을 생성하면 그 80퍼센트에 달하는 양을 평생 비늘줄기로 보낸다. 알리인과 알리신은 식물성 병원균에 대해 매우 강력한 방어벽 역할을 함으로써 마늘 생명의 마지노선으로 기능한다.

흑막의 유럽 지배자

화려함은 다소 떨어지는 이 식물은 도도하고 까탈스럽다. 특히 함부로 다루어지는 것을 몹시 싫어한다. 날카로운 가시로 온몸을 두루 무장하여 인간을 고통 속에 날뛰게 한다. 학명 '*Urtica*'를 직역하면 '타다'라는 뜻인데, 피부에 서양쐐기풀의 가시가 박히면 타는 듯한 아픔에 시달리기 때문이다.

고대 이집트 시대에는 이미 중요한 약초로 존경과 사랑을 받았고, 고대 로마 시대에는 프랑스와 영국을 정복하는 데 기여했다. 온난한 기후에서 생활하던 로마 병사들은 프랑스와 영국의 차갑고 습한 날씨 탓에 기진맥진하여 병마에 시달렸다. 이들은 자신들에게 익숙한 로마의 채소와 약초 씨앗을 늘 가지고 다녔는데 서양쐐기풀도 그중 하나였다. 주둔지에 서양쐐기풀을 길러서 먹고 치료하는 데 사용했다. 서양쐐기풀을 줄기째 수확한 다음 환부에 채찍질하면 벌에 쏘인 듯한 극심한 통증이 올라와 며칠간 따끔따끔 아프다. 지독하게 거칠어 보이는 이 시술이 병사들의 체력과 무기력증을 개선하고 콜레라나 발진 티푸스도 고쳤다고 하니 놀랍다. 이들은 곧 프랑스와 영국을 멋지게 정복했다.

약효가 상당했던 듯하다. 그리스의 의사 갈레누스(Claudius Galenus, 130~201년경)는 '이뇨제와 완하제로 사용 가능하며, 괴저(생체 조직의 일부가 죽거나 죽어가는 상태. -옮긴이)를 일으키는 외상, 종기, 비장 관련 질환, 폐렴, 월경 과다, 천식, 구강 통증 등에 잘 들었다'라고 추천했다. 10세기에는 현대인들도 고민하는 대상 포진과 변비를 개선하는 데 이용하는 방법이 고안됐다. 그리고 제1차 세계대전에서는 독일군이 군복용 섬유로 활용했고, 제2차 세계대전에서는 영국군이 위장복 염료로서 100톤 이상이나 확보했다. 이로써 서양쐐기풀은 유럽을 다시금 지배했다.

쐐기풀과 | 쐐기풀속

서양쐐기풀(네틀)

Urtica dioica

원산지	지중해 연안
재배 역사	1,000년 이상
생활사	다년생
개화 기간	6~9월

생육 양상 및 성질

물을 아주 좋아한다. 조금이라도 건조해지면 금세 성장을 멈추고 시무룩해진다. 그러나 반나절 가량 그늘에 심어 질소 비료를 주면 신이 나서 크게 자란다.

특기 사항

자생지 주변에서 무리 지어 자라기 때문에 야생종을 채집하여 사용한다. 세계 각지의 자생종마다 효과가 있다고 여겨지는 질병이 놀라울 정도로 다르다. 미국이나 페루에서는 발모제로, 쿠바에서는 치질 치료제로, 도미니카에서는 가축 번식에 이용되는 등 열거하자면 끝이 없다.

🥄 아프고 맛있는 항알레르기제

초봄에 나는 서양쐐기풀의 부드러운 새싹은 채소로 먹을 수 있다. 풍미는 시금치와 비슷해 프랑스에서는 수프로 즐긴다. 비타민 C, 철분, 마그네슘 등이 풍부해 스트레스와 피로가 쌓인 신체에 탁월한 효능을 발휘한다.

약초로서의 진가를 발휘하는 것은 줄기와 잎, 그리고 뿌리줄기. 오늘날에는 강장, 혈액 정화, 해독(높은 이뇨 작용), 간 기능 보완, 베인 상처나 코피 등의 출혈을 억제하는 묘약으로도 쓰인다. 최근에는 항알레르기 작용이 주목받고 있다. 성가신 꽃가루 알레르기, 끈질긴 가려움증, 괴로운 천식 등을 완화해 주어 칭송받는다. 이용법의 예를 들면, 건조한 뿌리줄기를 삶고 그 침출액을 희석시켜 음용한다. 이같이 뛰어난 약효는 모두 고대인들이 꿰뚫어 보던 것과 같다.

주목할 만한 것은 앞에서도 언급했던 뾰족뾰족한 가시. 포름산, 히스타민, 콜린 등 강한 자극 성분이 함유되어 있어 피부에 꽂히면 곧바로 연쇄적인 화학 반응을 일으키며 격렬한 통증을 발생시킨다(반응에는 개인차가 있다). 동물 퇴치를 위해서 알레르기 물질을 축적하는 것인데, 먹으면 알레르기를 억제한다니 신기하다. 요리할 때 뜨거운 물에 데친 뒤 흐르는 찬물로 식히면 가시가 부드러워져서 먹는 데 문제가 없다.

한편 서양쐐기풀의 재배는 무려 지난 1,000년 전부터 지금까지 '거의 불가능'하다고 여겨지고 있다. 유럽에서는 20세기까지 막대한 자금과 노력을 투자해 집요하리만큼 연구를 거듭했지만, 결과물은 황무지나 도랑에서 자라는 서양쐐기풀에 비해 턱없이 못 미치는 품질이었다. 서양쐐기풀은 길들여지는 것을 몹시 싫어한다.

일본의 산과 들에도 같은 계열의 쐐기풀이 자란다. 튀김이나 나물로 만들어 먹으면 매우 맛있는 식물이며, 효능도 서양쐐기풀과 비슷하다. 대부분 덤불이나 도랑의 '민폐 잡초'로 눈총을 받지만 말이다.

서양쐐기풀의

기능성 성분 예

— 아글루티닌(당단백질)

— 캠퍼롤, 쿼르세틴

— 비타민 B · C · K

- 아글루티닌은 잘 알려지지 않은 성분으로, 서양쐐기풀이 생성하는 당단백질의 일종이다. 임상 연구에서는 하루 600밀리그램의 동결 건조한 서양쐐기풀의 잎을 69명의 피실험자에게 섭취하게 했더니, 만성 비염 환자와 다년생 비염 환자 중 58퍼센트가 증상이 개선되었다. 그중 48퍼센트의 환자는 기존 항알레르기제보다 효과적이었다고 느꼈다(P.Mittman, 1990년).

- 캠퍼롤은 항산화 작용, 진정 효과, 항불안 작용이 알려져 있다.

- 쿼르세틴은 높은 항산화 작용과 항바이러스 작용이 주목받고 있다.

- 야생종의 효능은 뛰어나지만, 농업적으로 재배하면 기능성 성분은 크게 감소한다. 인류는 1,000년이 지나도 여전히 서양쐐기풀을 만족스럽게 키우지 못하는 것이다. 자연계는 그렇게 쉽게 길들여지지 않는다는 아주 좋은 예라 할 수 있다. 어떤 의미에서는 통쾌하기도 하다.

민폐 잡초가 제공하는 최고의 맛

'민폐 잡초'로 자라고 있는 일본의 쐐기풀들은 사실 엄청나게 맛있다. 특히 개울가나 강변에 몰려 있는 무리들은 튀김으로 만들어 먹으면 최고다. 잎은 늦봄까지 맛있지만 줄기는 초여름까지가 마지노선. 이 시기가 지나면 딱딱해져서 먹을 수 없다. 일본 야생종도 가시로 무장하고 있기 때문에 수확 시 가죽 장갑 착용을 권장한다.

큰쐐기풀

쐐기풀

🌿 통제 불가능한 번식왕 채소

중세 아라비아에서 퍼슬린은 'baqlahamqa'라 불렸다. 영어로 번역하면 crazy vegetable, 즉 미친 채소다. 인내심이 강하다고 알려진 아랍인이라 해도 끝없이 번식하는 퍼슬린의 모습에는 깊은 한숨이 나왔던 게다.

프랑스 요리 세계에서는 푸르피에(pourpier)라는 사랑스러운 이름으로 불리며, 아름답고 고급스러운 샐러드와 고기 요리 등에서 활약한다. 기원전 4,000년경 고대 이집트에서 약용 식물로 쓰였다고 주장하는 사람도 있다 (Candolle, 1884년). 미쳤다고 불리면서도 '일단은 채소'로 취급되어 온 퍼슬린은 세계 각지의 각 민족이 식용·약용으로 널리 이용했다.

중동 지역에서는 지금도 약용으로 활발하게 이용되고 있다. 해열제, 항괴혈병약, 소독약으로 쓰이고 그 외에 피부 염증이나 구내염을 치료하는 데 사용한다. 그중에서도 자양 강장 효과로 평판이 높다.

퍼슬린은 이른바 '녹색 청소기'로, 토양의 미네랄을 폭발적으로 빨아들여서 몸에 수북이 쌓아 올린다. 아연, 철, 구리, 마그네슘, 칼륨 등은 자양 강장과 피로 회복을 확실히 도와주며, 이들이 풍부한 약초나 채소는 역사상 중요시되었다.

퍼슬린의 생명력은 심상치 않다. 세계 대부분의 지역에서 인간에게 의지하지 않고 영역을 구축할 수 있었던 비결은, 아무리 혹독한 환경에도 적응할 수 있는(혹은 주변 환경을 개선하는) 생명 기능에 있다. 심한 건기의 사하라 사막 주변에서도 아기자기한 꽃을 피우고 있는 것을 목격했다. 기온만 높으면 아주 적은 수분만 있어도 발아하고, 잘리거나 뜯겨도 재생하며, 수천에서 많게는 수만 개의 씨앗을 뿌린다. 온몸이 고기능 성분의 집합체로, 복잡한 유기 화합물을 잔뜩 생성해 온갖 스트레스를 견딘다.

쇠비름과 | 쇠비름속

퍼슬린

Portulaca oleracea

원산지	세계 각지(열대 · 온대)
재배 역사	4,000년 이상
생활사	1년생
개화 기간	7∼9월

생육 양상 및 성질

재배보다 제거가 더 힘든 채소. 재배종은 야생종에 비해 크게 자라며 식감도 부드럽다. 씨앗을 떨구어 무분별하게 번식하지만 맛있으니까 용서해 주기로 하자.

중앙아프리카 사막 주변에서 자생하는 종

특기 사항

원산지에 대한 설은 아시아, 중동, 러시아 남부까지 다양하다. 이탈리아 남부에서는 1950∼1960년대 노점에서 판매될 정도로 인기가 있었다. 건조 스트레스에 대한 내성이 무척 강해, 한여름 아스팔트 틈새에서도 건강하게 자란다. 좋은 의미로든 나쁜 의미로든 지조가 없는 채소다.

🍴 맛 좋은 종합 약국

10만 개. 주차장 바닥의 갈라진 틈이나 밭에서 '쇠비름'이라 불리며 눈총 받는 잡초가 한 포기당 만들어 내는 씨앗의 양이다. 쇠비름은 퍼슬린과 같은 종족이다(우리나라에서는 대개 둘을 동의어로 보지만, 이 책에서는 서양 재배종과 일본 야생종을 구분하고 있다. -옮긴이). 좋은 조건에서는 발아 능력이 10년 이상 유지되고, 베어 내도 뿌리가 남으면 재생하며, 베어 낸 지상부를 그대로 방치하면 잘린 부분에서 우글우글 뿌리를 뻗는다.

대단한 잡초지만 영양소나 풍미는 퍼슬린과 큰 차이가 없다. 최근 20년 간의 연구로 진정 효과와 항염증 작용, 골격근 이완 작용 등이 밝혀졌다. 비타민 C로 대표되는 항산화 물질이 풍부하며, 전초에서 추출한 다당체의 일종(polysaccharides)은 혈당 수치와 혈중 지질 농도를 조절하고 비만과 당뇨병을 억제하며 난소암 발병을 예방하는 기능을 보였다(모두 실험 쥐를 사용한 실험 결과). 나아가 루테올린(162쪽)과 인간의 신경전달물질로 활약하는 카테콜아민류(특히 노르아드레날린과 도파민)도 풍부해, 신경계 조정 작용과 면역계 활성 작용도 주목된다. 뿐만 아니라 멜라토닌(melatonin) 함유량도 다른 채소에 비해 높다. 멜라토닌은 주로 수면 호르몬으로 주목받지만 사실 매우 강력하고 광범위하게 활약하는 항산화 물질로, 미토콘드리아의 DNA가 망가지지 않도록 수비하는 친위대다.

여기서 끝나지 않고, 오메가3 지방산의 일종인 알파리놀레산도 풍부하다(이상 Gonnella 외, 2010년). 필수 영양소이지만 인체 내부에서 합성되지 않기 때문에 반드시 음식으로 섭취해야 한다.

마치 '먹는 종합 약국' 같지만 과도한 섭취는 금물이다. 옥살산(172쪽)도 많기 때문. 옥살산은 5분 넘게 삶아도 별로 줄지 않지만 식초로 조리하면 크게 감소한다. 그래서 일본에서는 예로부터 초무침으로 즐겼다. 미끌미끌한 식감이 별미다.

퍼슬린·쇠비름의
기능성 성분 예

— 노르아드레날린, 도파민

— 멜라토닌

— 카테킨류, 루테올린

- 노르아드레날린과 도파민은 인간의 신경전달물질로 알려져 있다. 퍼슬린은 신기하게도 이들을 풍부하게 생성해 잎에 차곡차곡 쌓는다. 중국에서 '장수 채소'로 칭송받는 것은 노르아드레날린에 의한 면역 조절 기능과 항산화 작용 때문인 것으로 여겨진다.

- 멜라토닌은 인간의 수면을 관장하는 것 외에도 매우 강력한 항산화 작용을 한다. 인체의 중요 기관에 모여서 다른 기능성 물질의 작용을 함께 끌어올린다. 퍼슬린도 소중한 잎에 멜라토닌을 집중 배치하고 있다.

- 다른 식물이 잘 만들지 못하는 특수 성분을 퍼슬린이 합성할 수 있는 까닭을 알기 위해 1990년대부터 다양한 연구가 진행되고 있지만 아직도 그 수수께끼는 풀리지 않았다.

쇠비름의 꽃

쇠비름의 씨앗

미래의 파워 푸드와 골칫거리 사이 어딘가

사막 지대에서도 태연하게 번성하는 퍼슬린은 위에 열거한 성분 외에 카로티노이드류, 비타민 C, 오메가3 지방산, 오메가6 지방산 등도 다른 채소에 비해 풍부하게 축적한다. 많은 연구자가 미래의 파워 푸드로 주목하지만, 다른 한쪽에서는 '어떻게 하면 제거할 수 있을까?'를 연구하고 있다.

탄생 그리고 죽음의 상징

때로는 생명의 아름다운 탄생을 이끄는 성모, 때로는 건강한 생명의 나무를 베어 쓰러뜨리는 악마. 파슬리는 동전의 양면과도 같은 채소다. 영국인은 유독 신기한 전설을 다채롭게 전하는 민족인 듯하다.

영국의 가드너에게 파슬리는 빼놓을 수 없는 동료다. 소중한 채소 주위에 심으면 병해충으로부터 지켜 주며 양파, 토마토, 아스파라거스와 특히 궁합이 좋다. 장미 옆에 심으면 진딧물을 물리쳐 줌으로써 꽃을 한층 더 향기롭게 한다.

한편 파슬리 씨를 뿌리는 일은 '불행의 씨앗을 뿌리는 것과 같다'라고 한다. 일단 마당에 심은 것을 옮겨 심었다가 낭패를 보는 사례가 많다. 1993년에 기록된 사연에서는 한 가드너가 이웃 노인의 경고에도 불구하고 파슬리를 이동시켰다. '그러자 3주 뒤 나는 (특별한 이유도 없이) 일자리를 잃고 키우던 고양이를 실수로 죽이고, 상당한 액수의 돈까지 잃었다.'(『イギリス植物民俗事典영국 식물민속사전』).

파슬리의 뿌리나 모종을 '나누어 받는' 것도 금기로 여겨졌다. 모르고 얻었다가 가족 중 누군가가 숨지거나 큰 병을 앓고, 화재로 재산을 잃는다는 이야기가 지금도 끊이지 않는다. 흥미로운 것은 금기라고 널리 알려져 있는데도 꼭 건네는 사람과 받는 사람이 있다는 것이다. 이를 피하는 것만으로 액운에서 벗어날 수 있다면 파슬리는 오히려 훌륭한 계시자다.

거꾸로 파슬리는 새로운 생명을 불러들이는 상징이기도 하다. 예로부터 '파슬리 씨를 뿌리는 일은 아기 씨앗을 뿌리는 것과 같다'라는 구전도 있다. 임산부나 아기의 탄생에 파슬리가 매우 좋다고 한다. 여기서 이야기가 끝나면 아름답게 마무리될 테지만 파슬리는 낙태약으로도 아주 유명해, 고대부터 근대에 이르기까지 널리 이용되어 왔다.

미나리과 | 파슬리속

파슬리

Petroselinum crispum

원산지	지중해 연안
재배 역사	2,300년 이상
생활사	2년생
개화 기간	5∼6월

생육 양상 및 성질

물을 좋아하지만 매일 주면 뿌리가
썩는다. 또 햇볕을 쬐는 것은 좋아
하지만 건조함에 약하다(반그늘이
필요). 재배가 간단하다고 하지만
크게 키우기는 힘들다.

파슬리의 씨앗

특기 사항

유럽에는 '사랑에 빠진 자는 파슬리를
따지 말라'라는 이야기도 전해져 내려
온다. 한편 고대부터 식욕 증진, 구취
방지, 발모제 기능을 한다고 하여 활
발히 이용됐다. 씨앗과 뿌리는 약효가
뛰어난 반면 독성도 강하기 때문에 아
무 생각 없이 사용해서는 안 된다. 일
본에는 18세기 전후에 들어왔다.

인생과 신경은 대담하고 길게

파슬리의 성장은 부아가 치밀 정도로 느리다. 옛날 사람들은 '씨앗을 뿌리면 싹을 틔울 때까지 지옥에 일곱 번 갔다 온다'라며 욕을 했다(이 이야기에는 여러 버전이 존재해, 세 번에서 아홉 번 왕복까지 있다. 공통점은 모두 홀수라는 점). 간신히 싹이 터도 더 자라지 않고 계속 그대로여서 답답하기 그지없다. 일단 한번 튼튼하게 성장하면 수확해도 금방 다시 새싹이 돋아나지만, 셀러리(86쪽)와 마찬가지로 씨앗부터 키우면 불필요한 고생을 떠안게 된다.

아피올(apiol)은 파슬리와 셀러리가 내뿜는 강렬한 방향 성분의 주인공으로, 여성의 월경을 촉진하는 것으로 알려져 왔다. 고대부터 계속된 낙태약으로서의 명성도 실은 이 성분 때문이었다고(임산부가 평소 식사로 줄기와 잎을 섭취하는 것은 문제없다. 낙태약으로 이용된 것은 씨앗과 뿌리였다).

아피제닌(apigenin)이라는 물질은 누구나 탐내는 작용이 기대된다. 실험 쥐를 사용한 실험에서는 신경세포의 회복과 재생을 촉진하여 학습 능력 및 기억력 향상 효과가 나타났다고 한다(P. Taupin, 2009년). 이 성분은 셀러리도 나름대로 꽤나 많이 생성하고 있다.

파슬리가 임산부와 아기 탄생에 기여할 수 있었던 이유는 비타민 C, E, 엽산을 다량 생성하고 미네랄류인 아연, 칼륨, 칼슘도 풍부하기 때문이다. 철분은 빈혈을 개선하고 집중력을 높여 작업 효율을 향상시키는 데 도움을 주는데, 그 함유량은 채소 중에서도 매우 높다.

하지만 사람들은 파슬리에 대해 호불호가 크게 갈린다. 사실은 파슬리도 마찬가지다. 예로부터 '파슬리는 가족의 우두머리가 키우면 건강하게 자라지만, 그 외의 사람이 키우면 시든다'라는 말이 있다. 이 말을 듣고 직접 키워 보았는데 두 달 만에 시들었다. 결과는 자명했지만, 보란 듯이 빠르게 시들어 가는 모습에 화가 울컥 치밀었다.

파슬리의

기능성 성분 예

- 아피올, 아피제닌

- 비타민 C · E, 엽산

- 철, 아연, 칼륨

- 아피올은 효능이 뛰어난 화합물로 서유럽 국가에서는 예로부터 방향유나 알약 형태로 널리 판매됐다. 항산화 작용을 하고 소화 기능을 보조하지만 자극적이다. 특히 여성의 월경을 촉진하는 힘이 강하기 때문에 임산부는 피해야 한다. 1930~1958년에 걸쳐 임신부가 알약을 섭취한 뒤 대량 출혈과 유산 끝에 사망했다는 기록도 남아 있다. 당시 한 캐나다인 의사는 '일반인이 생각하는 것과 달리, 위험 사례는 적지 않다'라고 경고했다.

- 아피제닌은 신경세포의 복구와 재생을 촉진한다. 인간의 악성 종양을 자멸시키는 기능도 뛰어나다. 특히 일부 종류의 백혈병, 전립선암, 결장암의 암세포를 효과적으로 공격하는 것으로 알려진다(Horinaka 외, 2006년). 셀러리, 피망, 마늘에도 아피제닌이 함유되어 있다.

조금 특별한 파슬리 계열 채소

이탈리안 파슬리(*Petroselinum Neapolitanum*)는 식감이 부드러워 먹기 좋고, 샐러드의 맛을 한껏 높여 준다. 재배도 파슬리에 비하면 훨씬 쉽다. 그 역사는 고대 그리스 · 로마 시대까지 거슬러 올라간다. 13세기 독일의 신학자인 알베르투스 마그누스(Albertus Magnus)는 파슬리를 두고 '재료라기보다는 약재'라고 극찬하며 소중히 여겼다.

달콤한 꿈은 비트를 타고

'만약 꿈에서 비트를 먹었다면 당신이 겪고 있는 어려움이 사라질 것이고, 이후 성공과 번영이 찾아올 징조다'(Raphael[pseud.], 연대 미상).

이 길몽을 꾸기 위해서는 먼저 비트가 무엇인지 알아야 할 것이다. 근대(82쪽)의 친척(비트와 근대는 둘 다 근대속에 속한다. 서양에서는 잎을 주로 먹는 종을 차드, 즉 근대라 부르고 뿌리를 먹는 종을 비트라 부른다. ―옮긴이)이지만 생김새는 순무. 수수한 순무다. 그루터기가 살이 쪄서 둥글어진 시기는 아무래도 2세기에서 3세기 즈음인 듯하다. 당시 사람들은 분명 비트에 열광했을 것이다. 갉아먹으면 단맛이 난다. 아주 달다.

먹는 방법은 지극히 단순하다. 오히려 세심히 조리할수록 영문을 알 수 없는 맛이 되어 버린다. 먼저 순무 같은 부분을 수확한 후 그대로 얇게 썰어 약간의 올리브유, 식초, 소금에 버무려 먹는 방법이 있다. 혹은 막대 모양으로 썰어 마요네즈에 찍어 먹는다. 혹은 끓는 물에 데친 후 메인 요리에 곁들여 낸다. 그것뿐이다.

비트의 경우 단순히 단맛만 나는 것이 아니라 매우 독특한 감칠맛 성분을 풍부하게 함유하고 있다(158쪽). 일찍이 약용으로 사용되었는데, 15세기의 처방법 중 감기에 잘 듣는 과자를 만드는 데 비트가 들어갔다. '먼저 센토리(Centaurium erythraea, 쓴풀과 같은 계열)를 한 주먹, 그리고 비트의 뿌리와 잎을 한 주먹, 클로버 뿌리도 한 주먹, 암브로시아(돼지풀의 다른 이름으로, 신으로부터 허락받은 자들을 위한 식량이라는 뜻)도 한 주먹 준비한다. 이들을 곱게 갈아 한꺼번에 꿀과 섞고, 큰 호두의 절반 정도 크기로 동그랗게 빚으면 완성. 감기에 걸렸을 때 9일간 금식하며 하루에 하나씩 이것을 먹으면 좋아진다(Dawson, 1929).'

이 처방법을 읽고 이런 생각을 하는 사람도 있을 것이다.

'9일이면 가만히 있어도 열이 내리지 않을까?'

동감이다.

비름과 | 근대속

비트

Beta vulgaris ssp. *vulgaris*

원산지	지중해 연안
재배 역사	1,900년 이상
생활사	2년생
개화 기간	7~9월

생육 양상 및 성질

싹트는 시기부터 아름다워 키우는 과정이 매우 즐겁다. 겨울의 추위에도 잘 견뎌 붉은 잎을 무성하게 펼치지만, 뿌리는 좀처럼 통통해지지 않는다. 아무리 잘하려 해도 연속으로 실패하기 십상이다.

캔디 비트

캔디 비트   골든 비트
디트로이트 다크레드 비트

특기 사항

2~3세기경부터 재배가 시작되었으니 재배 역사가 오래된 편이다. 서양에서는 인기 있는 채소로, 얇게 썰어 샐러드로 만들지만 조리거나 볶아 먹기도 한다. 반면 일본에서의 인지도나 인기는 낮다. 지방에 거주하면 근처 채소 매장에서 극히 드물게 발견할 수 있는 정도지만, 대도시에서는 상시 판매하는 가게들이 있다. 역시 도시는 대단하다.

153

붉은색의 감미로운 종양 킬러

유럽의 오랜 역사 속에서 비트의 뿌리 즙은 설사, 감기, 발열, 두통, 궤양에 매우 좋다고 하여 인기가 높았다. 그중에서도 유달리 소중히 여겨진 품종이 있는데, 뿌리가 붉은색인 레드 비트다. 예로부터 궤양 치료에 효과적이라고 알려졌으며, 최근에는 암 치료제로서의 유효성에 대한 정밀한 연구가 계속되고 있다.

레드 비트의 붉은색은 베탈레인류(betalains)인 베타시아닌, 베타잔틴, 베타닌 등이 내는 색이다. 이들이 다장기 종양에 효과적이라는 사실은 동물실험을 통해 알려졌다. 이후 인간의 암세포를 증식시켜 실험한 결과 베타닌(betanin) 등이 암화된 세포에 대해 세포 독성을 보이는 것으로 나타났다. 기존 항암제(독소루비신)에 비해 억제 효과는 현저히 낮았지만, 항암제와 함께 효율적으로 이용하는 방법을 모색할 가치는 있다(Kapadia 외, 2011년).

또 다른 연구 결과가 있다. 실험 쥐에 발암 물질을 투여하면 자연히 피부암이나 간암이 발병하는데, 미리 레드 비트 추출액을 경구 투여했던 쥐의 경우 그렇지 않은 쥐와 비교했을 때 세포가 암으로 변이하는 정도가 확실히 억제되었다(Yasukawa, 2011년; Kapadia 외, 2003년).

서양의 가정에서는 비트와 다른 채소를 섞어 갈아 낸 주스나 베지터블와인을 직접 만들어 즐긴다. 비트와 당근을 이용해 담근 와인은 관능검사(인간의 오감을 활용해서 대상물의 맛이나 냄새 따위의 특성을 평가하는 검사)에서 포도주보다 선호되었다(V. Kempraja외, 2011년). 알코올 도수는 10도. 효능도 기대할 수 있고, 기분 좋게 취할 수도 있다.

비트의

기능성 성분 예

— 베탈레인류(베타시아닌 외)

— 당류(수크로스 외), 엽산

— 아연, 철, 비타민 B_6

로트 쿠겔 비트

- 베타시아닌은 강한 항산화 작용을 한다. 그 능력은 루틴의 약 1.5배, 카테킨의 약 2배, 비타민 C의 약 3배에 달한다. 베타닌은 베타시아닌의 일종으로 단맛과 감칠맛이 있다. 초콜릿, 아이스크림 등 과자류에 색이나 풍미를 더하며 활약한다. 항암 작용, 발암 억제 작용도 알려져 있다.

- 당분 및 기능성 성분의 함유량은 품종에 따라 편차가 있다. 전 세계적으로 많은 품종이 있으며, 기능성 성분이 적은 품종이라도 식감이나 재배 용이성 면에서 우수한 것도 많다.

디트로이트 다크레드 비트

- 어린잎도 세계 각국에서 샐러드용 채소로 즐겨 사용된다. 다 자란 비트의 뿌리보다는 적지만 베탈레인류, 당류, 미네랄 등이 함유되어 있다.

수확기(지름 5~6cm) 비트의 색소 함유량 차이

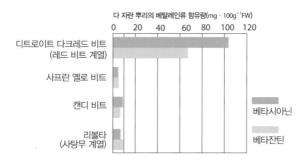

(와타리 모에(渡 萌惠) 외, 2017년에서 발췌 및 구성)

155

사탕무 성자들이 일으킨 기적

비트 계열 중에는 드높은 명성을 떨치는 채소가 많다. 그중에서도 사탕무의 달콤함은 단연 최고다. 고대에서 중세까지 사람들이 달콤하다고 펄쩍펄쩍 뛰며 좋아하던 비트의 수크로스(자당) 함유량은 4~5퍼센트인데, 서양종 사탕무는 무려 20퍼센트에 이른다.

서양종 사탕무의 본종이 탄생한 것은 비교적 최근이며, 그 이야기 또한 매우 극적이다. 18세기 중엽 독일에 안드레아스 마르그라프(Andreas Marggraf)라는 화학자가 있었다. 그는 비트(뿌리가 하얀 유형과 붉은 유형)를 조사하던 중 추출물에서 수크로스를 발견했다. 그것은 사탕수수에서 얻을 수 있는 것과 조금도 다르지 않았다. 당시 사탕수수에서 추출하는 설탕은 서민들이 도저히 감당할 수 없는, 그야말로 터무니없는 가격이었다. 그는 사람들에게 저렴한 설탕을 공급하기 위해 과감한 연구를 계속했지만 모든 면에서 난항을 겪었다. 극적인 도약은 그로부터 50년 뒤, 그의 제자 프란츠 카를 아샤르(Franz Karl Achard)의 등장까지 기다려야 한다. 그는 처음부터 조사를 다시 시작해 가축용 비트를 개량함으로써 당분이 훨씬 많은 사탕무의 원형을 만들어 냈다. 이러한 자신의 모든 경험과 자료를 아낌없이 공개했고, 그 덕분에 유럽 각지에서 사탕무 개량이 진행되었다.

그로부터 얼마 지나지 않은 1803년, 나폴레옹 전쟁(프랑스가 나폴레옹의 지휘하에 유럽의 여러 나라와 싸운 전쟁의 총칭. -옮긴이)이 발발했다. 프랑스는 적국 영국을 혼란에 빠뜨리기 위해 해상 봉쇄에 나선다. 그런데 오히려 타격을 입은 것은 프랑스. 해상로를 통해 설탕을 구할 수 없게 된 국민들이 격노한 것이다. 프랑스는 국가 차원에서 아사르 등의 연구를 바탕으로 사탕무 재배와 수크로스 정제에 온 힘을 쏟았다. 이 시도는 계속 실패했지만, 곧 혁신적인 도약을 이루어 지금에 이른다.

비름과 ㅣ 근대속

사탕무(감채)

Beta vulgaris ssp. vulgaris var. altissima

원산지	독일
재배 역사	200년 이상
생활사	2년생
개화 기간	7~9월

생육 양상 및 성질

기본적으로는 튼튼하지만 질병도 자주 발생한다. 단단하고 달콤하게 기르려면 질소 비료 등을 자주 추가하면서 세심하게 관리해야 한다. 일본의 경우 홋카이도에서 상업 재배가 활발히 이루어지고 있다.

사진 제공: 아오조라 마르쉐

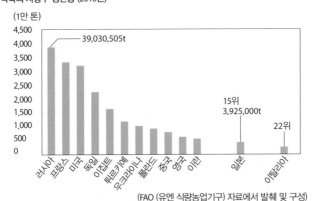

각국의 사탕무 생산량 (2016년)

(1만 톤)

39,030,505t

15위
3,925,000t

22위

러시아 프랑스 미국 독일 이집트 튀르키예 우크라이나 폴란드 중국 영국 이란 일본 이탈리아

(FAO (유엔 식량농업기구) 자료에서 발췌 및 구성)

♣ 채소에서 깊은 해산물 맛이 난다

나폴레옹 전쟁이 끝나자 사태는 다시 급변한다. 무슨 일이 일어났는가 하면, 사탕수수에서 정제한 설탕이 다시 수입이 가능해져 설탕이 시장에 쏟아진 것이다. 당연히 설탕의 가격은 대폭락했고, 힘들게 사탕무를 키우고 정제할 필요가 없어져 농장과 공장은 줄지어 문을 닫았다. 신기한 것은 일본에서도 정부 주도하에 사탕무 제당 공장이 여러 곳 설립됐지만 역시 잇따라 문을 닫았다. 정제기술도 까다롭고 생산 공정 유지 역시 그만큼 힘들다는 뜻이다.

오늘날 사탕무를 이용한 제당이 완전히 사라졌는가 하면, 그렇지는 않다. 전 세계 설탕 시장에서 사탕무가 차지하는 비중은 무려 35퍼센트가 넘는다. 일본 내에서도 설탕 소비량 중 25퍼센트를 사탕무 설탕이 차지한다. 사탕무 설탕에 익숙하지 않을 수도 있으나 사실은 모르는 사이에 접하고 있는 경우도 많다.

한편 사탕무의 당분에는 베타인(betaine)이라는 특수 성분이 함유되어 있다(앞서 레드 비트에서 소개한 베타닌과는 다르다). 이 성분이 참 재미있는 점은 새우, 게, 낙지, 오징어 등 해산물 특유의 매혹적인 감칠맛의 바탕이 된다는 것이다. 달콤함과 감칠맛, 이 도저히 멈출 수 없는 맛을 지상의 식물이 만든다니 흥미롭다.

베타인은 흡습성·보습성이 뛰어나 미용 재료에 사용된다. 위장 내 산도 조절 기능도 있어 의약품으로도 많이 활용된다.

게다가 근대나 비트의 풍부한 영양분도 갖추고 있으니 이렇게 고마운 채소도 없는데, 무슨 연유인지 사탕무의 효능은 널리 알려져 있지 않다. 누군가의 음모일까.

사탕무의

기능성 성분 예

— 베타닌, 베타인 외

— 당류(수크로스, 라피노스)

— 칼륨, 마그네슘

사진 제공: 아오조라 마르쉐

- 베타인은 특유의 단맛과 감칠맛을 가진다고 알려져 있지만 엄밀히 말하면 쓴맛을 가진 물질이다. 베타인 중 글라이신베타인이 단맛과 감칠맛을 인간에게 제공한다. 비트, 시금치, 근대도 베타인을 풍부하게 생성한다. 환경 스트레스를 견디기 위함이다. 강렬한 스트레스를 받으면 이 식물들의 세포 속 미토콘드리아는 부랴부랴 베타인을 조합해 세포 내에 축적시킴으로써 조직의 기능을 수호한다. 이를 우리가 먹으면 비슷한 기능을 발휘해 간과 신장 기능을 보강하고 간의 지방을 줄여 준다(Craig, 2004년 등). 이 훌륭한 약은 매우 달콤하다. 사탕수수에서 나오는 설탕의 단맛과 견줄 만하다. 인류가 필요로 하는 막대한 설탕 수요의 중요한 일익을 담당하는 사탕무. 한번 맛보기를 추천한다.

단맛의 널뛰기

농작물은 공산품이 아니기 때문에 품질이 일정하지 않다. 특히 사탕무는 해충 피해나 역병 등이 발생하면 기능성 성분이 크게 감소한다. 연구를 통해 밝혀진 사실로, 널리 확산되고 있다. 오른쪽 그래프에서 당분의 함유량이 감소한 지점은, 사탕무가 역병 등과의 싸움에 지쳐 축 늘어졌던 해다.

한편 최근 들어 재배를 시작하는 농가나 가드너가 전국 각지에서 늘고 있다. 세계로 눈을 돌리면 수많은 품종이 존재한다. 이들을 먹고 비교하는 즐거움을 누릴 수 있다. 하지만 역병이 많이 도는 해에는 구할 수 있는 품종이 제한된다.

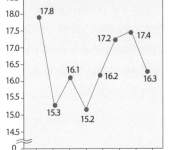

홋카이도산 사탕무의 당분량(평균)

17.8, 15.3, 16.1, 15.2, 16.2, 17.2, 17.4, 16.3

(농축산업진흥기구 자료에서 발췌 및 구성)

🥄 비타민 C로 노벨상의 영예를

피망의 매력은 윤기 나는 녹색, 아삭아삭한 식감, 그리고 입맛을 돋우는 쌉싸름한 맛이다. 피망이 초록색인 이유는 미숙할 때 수확하기 때문이며 완숙시키면 파프리카처럼 선명한 주황색이 된다. 완숙해야 단맛이 나지만, 덜 익은 열매도 큰 매력을 갖고 있다.

아삭아삭한 껍질은 감귤류를 능가하는 비타민 C의 보고다. 원래 비타민 C는 피망에서 처음 발견되어 이후 노벨상의 역사에 이름이 새겨졌다. 하지만 많은 아이들이 피망 앞에서 미간을 찌푸리거나 비명을 지르며 도망치려 한다. 아이들이 질색하는 그 떫은 쓴맛은 보통 피망을 잘라내면서 급격히 강해진다. 피망의 성분이 산소에 닿으며 쌉쌀해지는 것이다. 따라서 '먹기 좋게 일부러 작게 잘라 주는' 배려는 피망을 싫어하는 아이들에게 고문이나 다름없다. 가열하면 쓴맛이 약해지는데, 특히 통째로 가열하면 단맛이 남아 먹기 쉬워진다. 볶기 전에 통째로 데치는 것도 좋은 방법이다.

피망이 쓴 것은 어쩔 수 없는 일이다. 15세기 말 대항해 시대, 콜럼버스 일행이 후추를 찾아 신대륙에 도착했지만 도저히 찾을 수 없었고 대신 고추를 가져간다. 불을 뿜는 듯한 매운맛에 유럽 사회는 놀랐으나, 호기심 많은 식물 장수들은 이내 세련된 농업·원예 기술을 발휘해 덜 매운 고추를 바탕으로 피망과 파프리카를 만들어 냈다(즉 고추와 피망, 파프리카는 모두 같은 종으로 학명도 같다. -옮긴이). 즉 현재 유럽에는 매운 피망과 매운 파프리카 품종도 있다. 일본에서 볼 수 있는 달콤한 파프리카와 피망의 대부분은 미국에서 품종 개량된 것이지만, 쓴맛이나 매운맛이 다소 남아 있다. 유럽 품종을 직접 키워 보면 색다른 맛을 즐길 수 있을 것이다.

가지과 | 고추속

피망

Capsicum annuum

원산지	중앙아메리카~남아메리카
재배 역사	240년 이상
생활사	1년생
개화 기간	5~9월

사진 제공: 이와사키 미츠토시 · 다미에

생육 양상 및 성질

기본적으로 튼튼하고 가정에서 재배하기도 쉽다. 유기질 퇴비를 확실히 제공하면 한 그루에 50개 이상의 '성과'를 맺는다. 품종도 다양하고, 키우다 보면 꽤 사랑스럽다.

피망(완숙)

사진 제공: 이와사키 미츠토지 · 다미에

특기 사항

1774년에 현대 품종이라 여겨지는 '벨페퍼'가 탄생했다. 그 이전에도 매운맛이 적은 고추는 존재했다. 국가나 지역마다 호칭이 다르기도 하여 피망의 어원은 밝혀지지 않았다. 일본에서는 제2차 세계대전 이후부터 소비가 크게 증가했다. 의외로 인기가 높다.

161

신경과 면역을 다스리는 루테올린

루테올린(luteolin)이라는 물질은 매우 매력적이다. 플라보노이드류의 일종으로 그 작용이 참으로 눈부시다. 간 해독 기능을 크게 도울 뿐만 아니라 월등한 항산화 작용, 항암 작용, 항알레르기 작용이 알려져 있다. 플라보노이드류는 식물의 전신에서 발견되는 물질로서 무려 9,000종류 이상 존재한다(榊原啓之 외, 2012년).

특히 루테올린은 뛰어난 항알레르기 작용이 있어 꽃가루 알레르기, 천식, 식품 알레르기 증상 등의 개선이 기대된다. 식용 국화의 일종으로부터 추출된 루테올린의 경우 신경세포 보호 기능이나 항불안, 항우울 효과를 나타냈다는 연구도 있다(土屋 무 외, 2014년. 실험 쥐를 사용한 실험 결과). 다재다능한 대활약이 기대된다.

내용물이 거의 없고 인기도 별로 없는 피망은, 루테올린을 비롯한 다채로운 플라보노이드류를 두꺼운 껍질에 묵묵히 쌓아 두고 있었던 것이다. 플라보노이드류는 기름으로 가열 조리해도 95퍼센트가 잔존한다(井奧加奈 외, 2005년). 그러나 피망의 루테올린 함유량은 계절에 따라 상당한 편차가 있고 환경, 품종, 재배 방법에도 많은 영향을 받는다.

루테올린은 녹색의 미숙 피망에 다량 함유되어 있으며 성숙 과정에서 점차 감소한다. 대신 비타민 C와 카로틴류는 크게 증가한다. 주황색 피망의 경우 불과 6분의 1개로 사람이 하루에 필요로 하는 비타민 C를 공급한다고. 피망이 빨간색이 되면 카로티노이드류의 보고가 되어 녹색 피망보다 3배나 풍부해진다. 주황색이든 빨간색이든 녹색 피망에 비해 쓴맛은 약하고 단맛이 강하다.

참고로 피망을 무농약 재배하면 플라보노이드류가 더욱 증가한다는 연구 결과도 있다. 집에서 손수 키워 보는 것도 좋겠다.

피망의

기능성 성분 예

— 루테올린, 퀘르세틴

— 캡산틴, 캡소루빈

— 비타민 A·C·E, 엽산

컬러 피망

- 루테올린을 생성할 수 있는 식물은 매우 한정되어 있기에 귀중한 성분이다. 최근에는 항알레르기 작용(꽃가루증 천식, 식품 알레르기 증상 완화)이 주목받고 있다. 항산화 작용, 항암 작용, 그리고 간 해독 기능을 높이는 작용이 알려졌으며, 다른 식물에서 추출한 성분의 경우 항불안 작용, 항우울 작용까지 기대되고 있다. 녹색 피망에 가장 풍부하게 들어 있지만, 계절에 따라 크게 다르다(아래 그래프 참고).

- 퀘르세틴은 지방 분해 촉진, 항염증, 혈압을 낮추는 작용 등이 알려져 있다. 고마운 물질이지만 체내에 흡수되기 어려운 측면도 있다.

- 비타민류의 함유량은 피망의 색, 즉 수확기에 따라 다르다. 대개 녹색 피망은 루테올린이 많고 완숙한 붉은색 피망은 카로티노이드류가 많다.

루테올린 함유량의 계절 변화

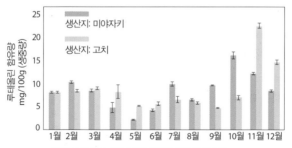

*이 그래프는 '녹색 피망'을 검사한 것의 한 예시다.
늦가을부터 겨울에 걸쳐 함유량이 늘어나는 사실이 매우 흥미롭다.

(이오쿠 카나(井奧加奈) 외, 2005년에서 구성 및 보충)

🍃 먹는 비만 개선제

화려한 색으로 무장한 피망, 그리고 같은 계열 중에서도 마치 예술 작품과 같은 파프리카의 화려한(다소 인위적이라고까지 느껴지는) 윤기와 색채는 건강미를 추구하는 사람들에게 적지 않은 가르침을 준다. 두껍고 단맛이 나는 과피는 캡산틴(capsanthin)과 캡소루빈(capsorubin) 등 붉은 색소가 풍부하다는 증거다(이 성분들은 고추에도 들어 있다. 매운맛 성분인 캡사이신과는 별개). 대단히 강한 항산화 작용, 항암 작용, 항염증 작용을 하는 이 물질들에 대한 다수의 연구가 진행 중이며, 최근에는 HDL-콜레스테롤의 혈중 농도를 높이는 작용도 밝혀졌다(K. Aizawa 외, 2009년). '착한 콜레스테롤'이라 불리는 HDL-콜레스테롤은 혈관 조직에 달라붙어 두껍게 쌓이는 나쁜 콜레스테롤들을 신속하게 거두어 가는 고마운 존재다.

또한 파프리카에 함유된 카로티노이드류가 인간의 비만 방지에 효과를 보였다는 연구도 있다(Maeda 외, 2013년). 비만의 원인 중 하나로 만성 전신 염증이 있는데, 파프리카의 강한 항염증 작용이 도움을 준다는 것이다.

그 외에 주방에서 무용지물로 취급되며 버려지는 씨앗에 주목한 연구가 있다. 앞서 살펴봤듯이 호박씨와 수박씨에는 미네랄과 불포화지방산이 듬뿍 들어 있다. 중동이나 아프리카 대륙에서는 간식용으로 인기가 높고, 씨앗을 짜서 조리용 기름으로도 만든다. 이들과 파프리카 씨앗을 비교해 보면, 파프리카 씨앗도 전혀 뒤지지 않는다.

한편 파프리카, 컬러 피망, 피망의 차이를 아는 사람은 많지 않다. 파프리카는 피망의 일종으로 과육이 두껍고 크기가 큰 품종이다. 한편 컬러 피망은 우리가 아는 피망이 완숙된 것. 결국 기본적으로 동일하며 품종과 수확기가 다를 뿐이다.

파프리카의

기능성 성분 예

— 캡산틴, 캡소루빈

— 기타 카로티노이드류

— 비타민 A · C · E

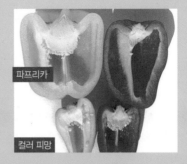

파프리카

컬러 피망

- 캡산틴과 캡소루빈은 베타카로틴보다 훨씬 높은 항산화, 항암, 항염증 작용을 하기 때문에 성인병 예방 효과가 기대된다. 또 착한 콜레스테롤을 늘려 나쁜 콜레스테롤을 제거하는 작용도 나타나, 혈전으로 인한 각종 질환 개선 · 예방에 도움을 줄 것으로 보인다.

- 컬러 피망과 마찬가지로 색에 따라 카로티노이드류, 비타민류의 함유량이 다르다. 카로티노이드류와 비타민 C 함유량은 '빨강〉주황〉노랑' 순이다. 조리로 인한 손실이 거의 없다는 점도 피망과 같다.

- 씨앗에는 유익한 지방산류가 풍부하다(아래 그래프). 버리지 않고 샐러드 등으로 만들어 먹으면 좋다.

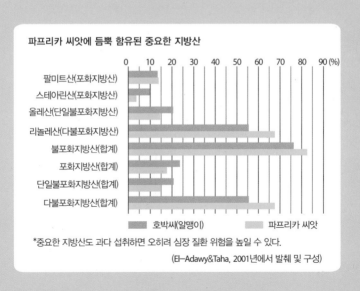

파프리카 씨앗에 듬뿍 함유된 중요한 지방산

호박씨(알맹이)　　파프리카 씨앗

*중요한 지방산도 과다 섭취하면 오히려 심장 질환 위험을 높일 수 있다.

(El-Adawy&Taha, 2001년에서 발췌 및 구성)

♣ 제대로 키우려면 제대로 모셔야

높은 영양가와 뛰어난 기능성 성분으로 일약 스타가 된 브로콜리. 한편 싫어하는 사람의 입장에서는 '삶든 굽든 잘게 썰든 브로콜리는 어디까지나 브로콜리'일 따름이고 그 버석버석하고 투박한 식감, 푸릇한 풋내에 진절 머리를 낸다. '있어도 그만, 없어도 그만'인 어중간한 존재임에도 불구하고 언제나 위풍당당하게 채소 가게에 진을 치고 있는 모습이 조금 신기하기도 하다.

브로콜리의 원형은 고대 로마까지 거슬러 올라간다(*ENCYCLOPÆDIA BRITANNICA*브리태니커 백과사전). 일본에서 '하나야사이(はなやさい)'라고 부르는 것은 꽃(일본어로 꽃은 '하나はな') 부분을 먹기 때문이지만, 엄밀히 말하면 브로콜리는 꽃봉오리와 줄기를 먹는 것이다. 왜 여기서 엄밀함이 필요한가 하면, 꽃봉오리만 먹는 콜리플라워와 완전히 다르기 때문이다. 바꿔 말하면 둘 사이에 그것 외의 차이점은 없다.

브로콜리를 키우는 것 자체는 간단해서 텃밭에서 재배를 즐기는 사람이 매우 많다. 그러나 이 경우 의사나 영양사가 극찬하는 기능성 성분은 크게 기대하기 어려운 것이 현실이다. 브로콜리는 많은 혜택을 주지만, 그에 앞서 많은 것을 요구하는 채소이기도 하다.

브로콜리는 약간의 산성을 띤 토양을 좋아한다. 그런데 단순히 산성이기만 하면 잘 성장하지 못하므로 어쩔 수 없이 칼슘을 공급한다. 칼슘이 너무 많으면 이번에는 마그네슘 결핍증을 일으킬 수 있으므로 미리 마그네슘도 제공해야 한다. 이러한 과정을 거치면 뿌리가 건강하게 자라 미네랄 등을 축적하고, 우리가 기대하는 약을 만드는 데 도움을 준다.

배추과 | 배추속

브로콜리

Brassica oleracea var. italica

원산지	지중해 연안
재배 역사	2,000년 이상
생활사	1~2년생
개화 기간	3~6월

생육 양상 및 성질

단순히 기르는 것이 목적이라면 심기만 해도 된다. 환경을 조금만 보살펴 주면 훌륭히 자라난다. 겉보기는 세련되지 않아도 일 솜씨는 완벽하다(166쪽).

브로콜리의 씨앗

특기 사항

전 세계 어린이들에게 혹평을 받고 있다. 어릴 적 젓가락으로 일일이 골라냈던 기억이 있는 사람이 많으리라. 일본에 들어온 시기는 정확하지 않지만, 쇼와 25년(1950년)경부터 재배가 시작되면서 생산량이 급증했다. 소비량은 최근에도 계속 증가하고 있다.

난공불락의 영양 요새

브로콜리의 약물 조제 능력은 대단하다. 비타민만 해도 C, E, K가 풍부하고, 위궤양을 막아 주는 S-메틸메티오닌, 항스트레스제가 되는 GABA도 풍부하다. 전 세계 연구자들은 특히 설포라판이라는 물질의 매력에 흠뻑 빠져 있다.

브로콜리는 강한 환경 스트레스(물이 과도하거나 부족, 고온, 칼의 공격 등)를 받으면 세포에서 글루코시놀레이트를 방출시킨다. 그중 일부가 강한 항산화 작용을 하는 설포라판이 되어 여기저기로 이동한 다음 복구 작업을 서두른다. 동물에 대해서도 같은 기능을 발휘하는 것으로 나타났다. 인간의 각 세포에는 특수 방위대와 복구 지원 부대가 상주하는데, 설포라판은 그들의 스위치를 켜는 역할을 한다. 이 경우 공격 · 방어 · 복구 시스템이 일제히 활발해진다.

구체적으로는 높은 항산화 기능을 발휘하면서 간의 해독 및 배설 과정을 활발하게 해서(주로 포합(conjugation)이라 불리는 제2상 대사에 관여한다) 다양한 발암 물질을 무력화시킨다. 뇌에 도달한 이들은 혈관이나 신경세포의 보강 및 복구를 진행한다. 심장이나 신장에서도 손상된 세포를 복구하고 보호 기능을 강화한다(Guerrero-Beltrán 외, 2012년 등). 아무튼 가는 곳마다 이상이 있으면 원상 복구 작업에 시동을 거는 것이 설포라판이다. 워낙 훌륭한 존재여서 그런지 항간에 떠도는 오해도 많다.

지금까지의 보고 사례는 실험 쥐, 인간 배양 세포 등을 통해 연구한 결과다. 사람이 효과를 실감할 수 있을지 여부는 불분명하다.

직접 검증해 보고 싶은 사람들에게는 희소식이 있다. 브로콜리가 만든 성분을 효율적으로 섭취하기 위해서는 의외로 가열하는 편이 좋다(169쪽 그래프). 다른 배추과 채소(양배추, 케일, 콜리플라워, 무) 등도 설포라판을 생성하므로 저녁 식사 메뉴로 삼아 보면 어떨까.

브로콜리의
기능성 성분 예

— 설포라판

— S—메틸메티오닌, GABA

— 비타민 C · E · K, 크롬, 철

— 베타카로틴, 칼슘

- 설포라판은 생명 유지의 열쇠를 쥔, 많은 기능을 활발하게 하는 특별한 물질이다. 배추과 식물들은 위험을 느끼거나 스트레스를 받으면 스스로를 보호하기 위해 설포라판을 늘린다. 이를 섭취한 동물들에게도 동일한 혜택을 주니 고마운 존재.

- S—메틸메티오닌은 위궤양 등의 개선과 예방에 활약한다.

- GABA는 각종 스트레스로 생긴 체내 이상을 개선하고 몸을 보호한다.

- 비타민류, 카로티노이드류 등 우수한 항산화 성분도 풍부하여 그야말로 영양과 특수 기능 성분의 요새인 듯하다. 그렇다고 싫은데 억지로 많이 먹을 필요는 없다. 다른 채소를 조합하면 충분하다. 과학적 근거는 희박하지만, 채소는 즐겁게 먹으면 그 효능이 잘 발휘된다.

설포라판을 기쁘게 하는 60℃

브로콜리가 함유하는 설포라판의 농도는 온도에 따라 변화한다. 다음의 그래프는 각 온도에서 측정한 실험 결과다. 온도가 높으면 농도도 높은데, 특히 60℃에서의 농도가 두드러진다. 그 이상 온도가 오르면 크게 감소한다. 즉 너무 오랜 시간 가열하면 손실을 초래하고 맛도 없어진다. 또 다른 연구에서는 비타민, 카로티노이드류, 미네랄은 삶기보다 전자레인지 가열 시 손실이 매우 적다고 보고한다.

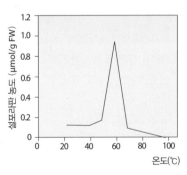

(N.V. Matusheki 외, 2004년에서 발췌 및 구성)

건강은 쑥쑥, 맛은 덤덤

콜리플라워의 역사는 오래되어 기원전 540년경까지 거슬러 올라간다. 인간은 예쁘고 큰 꽃을 각별히 사랑한다. 하지만 자주 가는 마트에서도 콜리플라워가 어디에 놓여 있는지 기억하는 사람은 없다. 기억하고 있어도 희미한 인상만 떠오를 것이다. 화려하고 거대한 꽃을 사랑하는 서양인들도 마찬가지인지, 눈에 띄는 전설도 없고 감탄하는 칭찬도 들리지 않는다. 오히려 각국의 '싫어하는 채소 TOP 10'에 든다. '아무래도 콜리플라워는 좀……'이라며 말끝을 흐리는 사람이 많다.

키워 보면 알겠지만, 듬직하면서도 유려한 줄기와 잎, 섬세한 예술 작품을 연상시키는 거대한 꽃봉오리들을 드러내는 콜리플라워는 가드너의 탄성을 자아낸다. 어지간한 재주꾼이 아니고서는 그렇게 훌륭히 자랄 수 없을 것이다. 사실 콜리플라워는 온갖 스트레스로부터 몸을 보호하는 특수 기능 성분의 저장고와 같다. 영양학적으로는 지극히 높은 평가를 받지만 케일이나 브로콜리에 비하면 후발 주자여서 존재감은 다소 미미하다.

꽃이 커진 것은 결코 좋은 일이 아니었다. 맛도 왠지 애매하다. 마트에서 사서 집에 왔을 때까지는 괜찮았는데, 요리를 하려고 보면 정신이 번쩍 든다. 이걸 어떻게 다 먹지. 한때 이탈리아의 바냐카우더(마늘과 안초비로 만든 이탈리아식 오일 소스. -옮긴이)가 유행하던 시기에 그 재료가 되는 각종 콜리플라워들의 인기가 크게 치솟았었다. 물론 얼마 지나지 않아 인기는 사그라들었다. 레스토랑에 소담하게 담긴 '로마네스코'라는 아리따운 품종은 집에서 요리하면 끙끙 앓을 만한 양으로 불어나 며칠 동안이나 가족들을 위협한다. 배도 부르고 몸에도 좋은데 그다지 고마운 마음이 들지 않는 것은 왜일까.

콜리플라워의
기능성 성분 예

— 설포라판

— S–메틸메티오닌, GABA

— 비타민 C · E · K, 크롬, 철

— 베타카로틴, 칼슘

로마네스코

· 콜리플라워의 효능은 브로콜리와 거의 같다. 많은 사람들에게 미움을 받으면서도 특수 기능 성분은 어마어마하다. 색이나 형태는 브로콜리보다 훨씬 변화무쌍해, 요리에 곁들이면 한층 화사해지는 점이 매력이다. 한편 브로콜리를 요리할 때는 가열 시간에서 실수하기 쉽다. 꾸 물거리다가는 형편없는 맛이 되어 버리는데, 콜리플라워는 그렇게 심하게 실패할 일은 적어 서 안심이다.

최근 서양 요리 붐을 타고 다양한 품종이 매 장에 진열되고 있다. 지금 볼 수 있는 다양 한 품종은 대부분 독일이나 덴마크에서 개 발된 종을 바탕으로 한다. 일본에 들어온 것 은 브로콜리보다 훨씬 이전인 메이지 유신 무렵. 이 시기에 일곱 종류나 도입됐다니 놀 랍다.

의외의 맛

콜리플라워를 안 먹은 지 오래됐지만 기억 저편에 거 부감이 있는 사람에게는 콜리플로레를 추천한다(일 본에서 개발된 품종으로 모양이 길쭉해 '스틱 콜리플 라워'라고도 부른다. –옮긴이). 전자레인지용 찜기에 넣고 전자레인지에 돌리면 조리 끝. 마요네즈나 좋아 하는 소스를 찍어 즐길 수 있다. 이 품종은 특히 줄기 가 맛있고 식감이 경쾌하다. 부드러운 단맛과 담백하 고도 풍부한 풍미가 매력적인 채소다.

콜리플로레

살기 위해 모으는 칼슘

미네랄이 풍부한 건강 채소로 인기 높은 시금치. 왜 미네랄이 풍부한가 하면, 그렇지 않을 경우 중독을 일으키기 때문이다. 시금치 입장에서는 꽤 필사적인 것이다.

시금치가 미움받는 이유 중 큰 부분이 특유의 떫은맛 때문인데, 옥살산이 그 대표적인 원인이다. 일반적인 인식보다 독성이 훨씬 강한 물질로, 이를 섭취한 동물은 체내 칼슘을 모조리 빼앗기면서 신경계에 이상이 생기거나 결석이 발생하여 극심한 통증을 겪게 된다. 어떤 의미에서 시금치는 무서운 독초라고도 할 수 있다. 옥살산을 다량 축적할 수 있는 식물은 의외로 별로 없다. 왜냐하면 식물 자신이 옥살산에 중독될 수 있기 때문이다. 일단 포식자로부터 자신을 보호한다는 중요한 이유도 있지만, 실제로는 잡아 먹히기 전에 스스로 중독을 일으켜 잘 자라지 못하고 허덕이는 사례가 많다. 딱한 일이다.

일단 대량으로 만들어진 옥살산의 일부는 뿌리에서 분비된다. 그저 배출하는 것처럼 보이지만 유해한 알루미늄의 독성을 없애고 있는 것이다. 산성에 가까운 흙에는 알루미늄이 녹아 있는데, 뿌리가 이를 흡수하면 곧바로 세포 분열이 저해돼 발육이 멈춘다. 그런데 옥살산이 알루미늄과 결합하면 뿌리에 흡수되기 어려워진다. 나아가 토양 속에 미량만 존재하는 인(개화나 결실에 필요한 물질)을 옥살산으로 녹이고 모아 흡수할 수 있게 만든다.

하지만 이들은 옥살산을 너무 많이 만드는 경향이 있으며 이것이 쌓이면 발육이 멈춘다. 어쩔 수 없이 시금치들은 토양에서 칼슘과 칼륨을 필사적으로 긁어모아 옥살산과 결합시키며 조절을 시도한다. 시금치 자신이 건강하게 자라려면 칼슘 보충이 필수인 것이다.

시금치

Spinacia oleracea

원산지	아프가니스탄 주변
재배 역사	1,500년 이상(상세 불명)
생활사	1~2년생
개화 기간	5~6월

생육 양상 및 성질

기본적으로 튼튼하지만, 맛있게 키우는 것은 의외로 힘들다. 더위에 약해 기온 25℃를 넘으면 단번에 축 늘어진다. 추위에는 강해 서리에도 지지 않는다.

일본 시금치의 꽃

수확기의 일본 시금치

일본 시금치의 어린 모종

특기 사항

고대 페르시아 주변에서 재배가 시작되었고, 일본에는 16세기경에 들어왔다. 일본인의 취향에 맞지 않아 400년 내내 외면당했다. 1930년대에 개량된 품종이 드디어 받아들여져 '풍부한 영양'이라는 선전과 함께 인기가 급상승했다.

🌱 맛의 비결은 물의 양에 달렸다

한겨울, 기적이 일어난다. 유기농 농가에서 서리 맞은 시금치를 받았다. 씹을수록 기분 좋은 식감과 부드러운 단맛이 입안 가득 퍼져 탄성이 터져 나온다. 이렇게 맛있는 겨울 채소는 드물다. 미네랄의 보고인 시금치는 비타민의 일종인 엽산(185쪽 참고)도 풍부하다(엽산은 시금치 잎에서 최초로 발견되었다). 오래도록 가까이하고 싶은 채소다.

맛있게 먹으려면 떫은 옥살산을 어떻게든 처리해야 한다. 그 함유량은 계절마다 다를 것으로 추정하며 조사 연구 결과는 175쪽 그래프와 같다. 이 연구에서 신기한 사실이 드러났다.

봄부터 여름까지 시금치는 옥살산을 다량 합성한다. 이를 수확해서 뜨거운 물에 삶으면 약 50퍼센트 감소했다.

겨울에서 봄까지는 옥살산의 함유량이 여름철의 절반 정도에 지나지 않았는데, 이상하게도 똑같이 삶아 보니 20퍼센트 정도밖에 줄지 않았다. 애초에 옥살산이 적어 맛은 좋지만, 생각할수록 신기한 이야기다.

요리책에는 '충분한 양의 물에 삶는다'라고 쓰여 있지만 '충분'이 어느 정도의 양인지는 정확히 나와 있지 않다. 이즈미 마키코(和泉眞喜子) 연구진의 조사(2005년)에서는 시금치 분량 대비 5배~20배의 물로 삶았더니 옥살산이 적당히 제거되었다. 또한 시식자가 맛있다고 응답했던 최적량은 '시금치의 5배'였다고 한다(물의 양이 많을수록 옥살산을 많이 제거할 수 있지만 맛은 떨어졌다). 5배량의 끓는 물에 1분 정도 삶은 뒤 즉시 5배량의 찬물에 1분 정도 담근다. 그 후 물을 버리고 새로운 5배량의 물에 4분 정도 담그면 결과가 꽤 괜찮았다고 한다. 가정에서는 적당히 따라 해도 좋을 것이다.

한편 시금치에는 암수가 따로 있는데, 꽃이 필 때까지 구별할 수 없고 피기 전에 모두 수확되므로 아무도 모른다.

시금치의
기능성 성분 예

— 옥살산, 질산

— 비타민 A · B_6 · C, 칼슘

— 엽산, GABA, 철, 아연

열매 속의 씨앗

* 옥살산은 체내의 칼슘 이온을 빼앗음으로써 신경계나 근육 등의 작용을 방해하고, 결석의 원인이 된다.

* 질산은 시금치가 기꺼이 모아 쌓아 두는 물질이다. 인체에 들어가면 아질산염으로 변화해 발암 물질인 니트로아민을 생성한다. 이들 유해물질은 조리의 기본 수칙(174쪽)을 따름으로써 대폭 줄일 수 있다.

* 식품 분석표에 따르면 비타민 A는 브로콜리의 4배, 양배추의 170배에 달한다. 철분은 양배추의 9배. 칼슘, 아연 등 미네랄도 풍부하고 이들의 흡수를 돕는 비타민 B_6까지 따라오니 피로 회복에 안성맞춤이다. 또한 엽산과 GABA가 체내 기능을 조절한다.

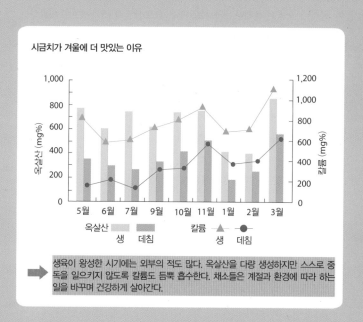

시금치가 겨울에 더 맛있는 이유

옥살산 (mg%) / 칼륨 (mg%)

5월 6월 7월 9월 10월 11월 1월 2월 3월

옥살산 생 데침   칼륨 생 데침

생육이 왕성한 시기에는 외부의 적도 많다. 옥살산을 다량 생성하지만 스스로 중독을 일으키지 않도록 칼륨도 듬뿍 흡수한다. 채소들은 계절과 환경에 따라 하는 일을 바꾸며 건강하게 살아간다.

병마가 저절로 녹아내리는 달콤함

서양에서 멜론은 아름다운 피부를 만드는 꿈을 꾸게 한다. 프린스턴대학교가 수집한 미국 켄터키주에 전해지는 이야기다. '아주 기묘한 풍습이 있는데, 껍질을 벗긴 멜론 열매로 얼굴을 쓱쓱 문지르면 기미와 주근깨가 없어진다는 것이다(Thomas&Thomas, 1920년)'.

적어도 기원전 1,550~1,300년 사이에 이집트에서 재배되었으며(고대 이집트의 도시 테베의 벽화에 기록이 남아 있다), 고대 로마에서는 야생 멜론 씨앗을 우수한 약재로 삼았다. 이것이 의미하는 바는 전혀 알 수 없지만, 풋내기가 멜론 씨앗을 빼내는 일은 매우 위험하다고 여겨졌다.

'(씨앗을 빼낼 때) 완전히 익기 전에 (과실을) 가르면 씨앗이 튀어나와 눈을 다칠 수도 있다.'

이 씨앗으로 만든 약인 엘라테리움은 엄청난 묘약으로, 한번 조제하면 200년은 간다고 한다. 엘라테리움이 진가를 발휘하는 것은 조제로부터 무려 3년 후다. 전갈 해독제, 설사약, 기생충약(이 등), 수종 치료제로 쓰였으며, 꿀이나 오래된 올리브유와 섞은 것은 편도선염과 기관지염을 치료하는 것으로 여겨졌다. 그 밖에 멜론의 씨앗과 열매는 피부병, 습진, 통풍, 신장병에 효과가 있는 것으로 알려져 '볕에서 얼굴에 바르면 기미와 주근깨를 제거한다'라고 대(大)플리니우스는 주장했다. 이 처방전은 변함없이 근대까지 살아남았고, 현대 과학도 같은 연구를 계속하고 있다.

그 달콤하고 향기로운 멜론에 멋진 꿈이 담겨 있다는 것이다. 현대에 인정받는 적응증을 간단히 살펴보면 암(특히 소화기계), 심장병, 신장병이다. 아울러 피부병 예방 및 개선에 효과가 있고, 화장품 원료로 활용되며 식품산화 방지제로는 특허가 있다. 멜론은 지금도 단연 약초다.

박과 | 오이속

멜론

Cucumis melo

원산지	아프리카, 중근동, 인도 등(상세 불명)
재배 역사	3,500년 이상
생활사	1년생
개화 기간	6~9월

생육 양상 및 성질

멜론을 키워 보려 했지만 눈 깜짝할 사이 잎벌레에게 잡아먹히거나 병에 걸려 금세 시들었다. 농업 관련 책을 이리저리 뒤져 봤더니 '일본에서는 여름이라도 실내에서 재배해야 한다'라고 나와 있었다.

특기 사항

멜론의 기원에는 아프리카에서 아시아까지 여러 설이 있다. 일본에서도 멜론과 참외가 조몬 시대 말기에 야생에서 자랐다고도 한다. 세계 각지에서 품종 개량이 활발히 이뤄지는 이유는 맛있고 효능이 높기 때문이다. 그야말로 실력파 채소다.

장엄한 항산화 물질의 대궁전

과학자들이 멜론에 주목하는 이유는 강력한 항산화 작용에 있다.

활성 산소(주로 네 종류)와 과산화 수소 등은 피부나 세포의 지질(특히 불포화지방산)에 달라붙어, 배출이 어렵고 몸에 점점 쌓이는 과산화 지질로 변화시킨다. 더욱이 활성 산소는 세포 속으로 함부로 침입해 세포 기관이나 단백질의 정상 작용을 결정적으로 파괴하는 몹쓸짓을 한다. 아름답고 부드러운 피부를 망치는 우리들의 숙적이다.

다소 까다로운 이름이지만 슈퍼옥사이드 디스무테이즈(SOD: superoxide dismutase)라는 구세주가 있다. 이 SOD는 엄청난 항산화 작용을 한다. 세포 안에 넘쳐 나는 과산화물 음이온(활성 산소의 일종)은 SOD가 투입되자마자 10만 분의 1까지 감소된다. 이 훌륭한 항산화 작용은 토마토와 비교했을 때 무려 2배에서 8배에 이른다(특수 추출법에 따라 차이가 있다). 우리가 사랑하는 머스크 멜론은 이 SOD를 만드는 천재인데, SOD가 생기기까지의 과정이 무척 재미있다. 멜론이 상처 입을 필요가 있는 것이다.

멜론이 익으면 과육 속에서는 폭발적인 산화 작용(노화 현상)이 시작된다. 세포의 신진대사가 급격히 떨어지면서 소중한 세포막마저 손상시킨다. 이를 신호탄으로 삼아 어지러운 화학 방어 반응이 일어나 SOD 등의 항산화 물질이 크게 증가한다.

'수확기를 지날수록 항산화 물질이 많아지는 것이 아닐까?'라고 생각하는 이도 있을지 모르겠다. 대답은 '아니오'다. SOD는 먹기 좋은 시기가 가장 풍부하고, 그 이후로는 점차 감소한다. 당연히 덜 익은 멜론에는 우리가 기대하는 SOD 등의 항산화 물질이 거의 존재하지 않는다. 멜론은 자신을 보호할 필요가 있을 때만 이 물질들을 늘리는 것이다.

멜론의

기능성 성분 예

── 특수 항산화 효소(SOD 등)

── 당류, 쿠쿠르비타신 B

──비타민 C, 칼륨, 아연

사진 제공: 마스다 겐지
시즈오카 현산 고급 머스크 멜론

- SOD 등의 효소는 활성 산소를 잇따라 포착, 분해한다. 멜론이 고대부터 약초로서 많은 질병을 치유하고 인간의 아름다움을 지원한 것은 이러한 항산화 효소, 비타민, 풍부한 미네랄이 힘을 합쳐 인체를 보호하는 활약을 펼치기 때문일 것이다. 사실 이것도 따지고 보면 멜론이 자기 자신을 지키기 위해 조제한 특별약이다. 물 부족이나 강한 햇볕과 같은 위험, 혹은 외부의 적에 노출되면 기능성 성분의 생성량이 단번에 뛰어오른다. 그리고 소중한 과실의 성장을 서두르느라 외피의 성장이 따라가지 못하고 상처투성이가 된다(아래 사진). 재배에서는 이 성질을 이용한다.

상처받은 만큼 강해진다

머스크 멜론은 충분한 물을 주며 키우다가 성숙기가 되면 물의 양을 극히 소량으로 줄인다. 그러면 멜론은 껍질에 균열이 갈 정도로 수분을 소중한 과실에 집중시켜 모은다. 한편 껍질의 상처를 치유하고 침입한 병원균을 쫓아내기 위해 SOD 등의 성분을 듬뿍 만든다. 그물코 모양은 그 성장통을 보여 주는 상처다.

사진 제공: 요네가와 타케시

사진 제공: 요네가와 타케시

위대한 멜론, 애교 많은 참외

멜론에는 많은 종류가 있으며 과육의 색깔도 저마다 다르다. 함유한 성분도 당연히 제각각이다. 머스크 멜론으로 대표되는 주황색 과육 타입은 연구자들에게 가장 주목받는다. 그 색감은 베타카로틴이 매우 풍부하다는 것을 나타낸다. 칼륨, 아연, 리튬 등의 미네랄도 풍부하다. 베타카로틴은 쓴맛 성분으로 스테로이드의 일종인 쿠쿠르비타신 B (cucurbitacin B)와 협동함으로써 암 예방, 항우울, 면역 기능 자극 효과 등이 일어난다(Lester, 1997년). 마치 꿈 같은 효과다. 베타카로틴 함유량은 멜론 크기에 비례한다. 그리고 같은 유전자를 가진 머스크 멜론이라도 양호한 사질 토양보다 약간 거친 이질 토양에서 기른 것이 베타카로틴이나 미네랄 성분이 증가했다고 한다(Lester& Eischen, 1996년).

한편 초록색 과육을 가진 품종 또한 높은 기대를 받고 있다. 색감으로 봤을 때 베타카로틴 함유량은 적다. 대신 미네랄과 칼륨이 듬뿍 함유돼, 전체적으로 항산화 작용을 따졌을 때 주황색 품종보다 높은 것도 종종 존재한다(Szamosi 외, 2007년). 그 이유는 사실 명확하지 않다. 과육의 색깔에 따라 함유 성분에 뚜렷한 차이가 있지만, 우리가 기대하는 효능에 대해서는 '극단적으로 다르다'라고까지는 할 수 없겠다.

동양에도 전통적인 멜론이 있다. 바로 참외다. 지역마다 품종이 있어 머스크 멜론처럼 단맛이 강한 종류부터 절임용으로 쓰는 맛이 약한 종류까지 다양하다. 재배가 쉬운 참외를 키워 봤지만, 2017년에 벌레와 비 때문에 어이없이 전멸한 적이 있다. 맛있는 품종이 많아졌기 때문에 참외를 가정에서 즐기고자 한다면 씨앗 때부터 애정을 쏟아 보는 것도 좋겠다.

멜론(주황색 계열)의
기능성 성분 예

— 특수 항산화 효소(SOD 등)

— 당류, 쿠쿠르비타신 B

— 베타카로틴, 칼륨

멕시코산 허니듀 멜론(주황색 계열)

- 쿠쿠르비타신류는 박과 식물(멜론이나 오이 등)이 만드는 쓴맛이 있는 물질이다. 쿠쿠르비타신 B는 카로티노이드류 등과 짝을 이루면 섭취한 동물에게 항암 작용 및 항우울 작용을 나타내고 면역계를 자극해 활성화하는 것으로 알려져 있다.

- 머스크 멜론 계열 중 과육이 주황색이나 빨간색인 품종에는 베타카로틴이 풍부하다.

- 나아가 풍부한 미네랄이 팀을 꾸려 대사 기능을 보강해 준다. 해독 및 배독(독을 배출) 작용이 일어나므로 피로 회복이 기대된다. 이러한 기능성 성분에 의존하지 않아도, 맛있는 멜론을 먹는 것만으로 기분은 좋아지고 대화도 활기를 띤다. 이 얼마나 훌륭한 약초인가.

사랑할 수밖에 없는 참외

일본에서는 고대부터 사랑받아 왔다. 각 지역마다 예로부터 지켜온 멋진 품종들이 아직도 많이 남아 있다.
멜론 맛이 나는 종류부터 절임이나 볶음 요리에서 실력을 발휘하는 종류까지, 여행지에서의 요리가 기대된다. 일본에 토착하고 있기 때문에 재배도 손쉽다고들 하지만, 계속 실패하는 입장에서는 뭐라 할 말이 없다.

토라마쿠와

🌶 동화 속 '마녀의 채소'

대학 시절 이와나미 문고의 『グリム童話集그림동화집』을 전부 구매하여 즐겨 읽었다. 지금은 딸이 잠들기 전 침대에서 읽어 주고 있다. '노지샤'(野ぢしゃ: 라푼젤의 일본식 이름. -옮긴이) 이야기는 디즈니 영화 속에서 높은 탑에 머무는 라푼젤과는 달리, 가혹하고 장렬하며 매우 난해하다. 은유투성이의 이야기 구조는 식물과 박물학을 사랑하는 어른들을 매료시킨다.

그림동화에서는 이렇게 이야기가 시작된다. 어느 부인이 기다리고 기다리던 아이를 마침내 잉태했을 때, 창밖으로 보이는 멋진 밭에 문득 눈길을 빼앗겼다. 그곳은 사람들을 두려움에 떨게 하는 마녀 고텔의 채소밭이었다. 모든 채소가 아름답게 자라고 있었지만, 라푼젤을 보자마자 부인은 완전히 넋이 나가 '저것을 먹지 못하면 죽을 것 같아'라고 계속 소리쳤다. 난감해진 남편이 몰래 따기 위해 밭에 들어간다. 하지만 꼬리가 길면 잡히는 법. 또다시 라푼젤을 훔치다가 마녀에게 들키고 만다. 사정을 들은 마녀는 태어날 아이를 자신에게 넘기면 용서해 주겠다고 했고 남편은 마지못해 승낙했다. 이윽고 태어난 딸은 고텔이 데려가 소중히 기른다. 그러나……

한편 마녀의 정체에 관해서는 지금도 정설이 없다. 어원으로는 독일어의 '슬기로운 여자'가 유력하게 여겨진다. 주로 '산파'를 가리켰다는 이야기. 약초와 경험 의학을 토대로 가정 의학에 기여했지만, 치료에 실패하면 규탄을 받았다. 이윽고 교회가 의료업을 자격제로 지정하여 산파를 배제하자 '마녀사냥'이 시작되었다(마녀사냥에 대해서는 여러 설이 있다). 어쨌든 마녀 그리고 엄마와 함께, 라푼젤은 대단히 중요한 약초로서의 행보를 이어갔다.

일본에서는 프랑스 요리나 이탈리아 요리에서 가끔 볼 수 있는 정도다. 인지도는 낮지만 일본의 길가에도 사는 친근한 잡초이기도 하다.

마타리과 | 상치아재비속

라푼젤

Valerianella locusta

원산지	지중해 연안
재배 역사	300년 이상
생활사	1년생
개화 기간	4~6월

생육 양상 및 성질

밭에서 벗어나 야생에서 지내는 것을 좋아한다. 알아서 잘 크지만 유기질 비료를 주면 기분이 좋아져 아름답게 자란다. 오밀조밀한 작은 채소여서 정이 간다.

특기 사항

프랑스, 네덜란드, 독일 사람들이 특히 이 채소의 풍미에 열광한다. 독일에서는 3대 주요 채소 중 하나에 등극. 해외에서는 '콘샐러드(Consalad)', '양의 상추(Lamb's lettuce)'라고도 불리며 1년 내내 재배된다. 어린 잎과 꽃을 따서 샐러드로 즐기고 있다.

🌱 여성을 보호하는 마법의 약초

라푼젤은 작은 풀이지만 영양소는 아주 많다. 재배도 쉬워서 재잘재잘 웃음꽃을 피우듯 늘어나고, 와글와글 떼를 지어 초여름 햇살 아래서 바람에 흔들리며 재롱을 피운다.

그러나 길가의 라푼젤과 밭에 있는 라푼젤은 그 모습이 사뭇 다르다. 길 가의 것은 마른 편이고 꽃도 적은 데 비해, 밭의 것은 통통하게 자라 꽃들 사이에서 작은 별처럼 얼굴을 내민다.

비타민 C, 미네랄, 카로티노이드류, 엽산을 풍부하게 생성하며 칼로리는 낮다.

엽산은 DNA의 생합성, 세포 분열, 조혈에 깊이 관여해 태아의 신경계 형 성을 올바르게 이끈다(近藤厚生 외, 2003년). 지중해 연안 지역에서는 예로부 터 '특히 임산부에게 좋다'라고 여겨졌으며 일상적으로도 '결코 빼놓을 수 없는 채소'로서 다수 재배되었다. 임신 중인 부인이 라푼젤을 먹고 싶다고 갈망한 배경이 바로 당시의 그런 인식이었을 것이다. 간절히 기다리던 아이 를 잉태한 여인이 건강한 아이를 낳기 위해서라면 그 무엇도 마다하지 않 겠다고 생각한 심정을 짐작할 수 있다.

맛있는 라푼젤을 키우는 데는 약간의 마법이 필요하다. 그 풍미와 영양 소는 재배법에 따라 현격히 달라지는데, 비결은 적당량의 부식질(땅에 존재 하는 생물 이외의 유기물 총체. 유기질 비료는 이를 공급하기 위한 수단이다. -옮긴 이)을 제공하는 것. 또한 약초로서는 가을에 수확한 것이 당분과 페놀류를 더욱 풍부하게 함유한다고 알려진다(Koáton 외, 2008년). 마녀 고텔이 그랬던 것처럼, 라푼젤은 인자한 마음으로 자애롭게 키울수록 반짝반짝 생기가 더 해진다.

그림동화의 라푼젤은 '해피엔딩'이지만 어린이 독자를 위한 해피엔딩은 아니다. 마녀가 죽지 않는, 도무지 참을 수 없는 결말이다.

라푼젤의
기능성 성분 예

— 엽산

— 알파리놀렌산(오메가3 지방산)

— 카로티노이드류, 플라보노이드류

- 엽산은 비타민 B의 일종으로, 과거에는 '비타민 M'이라 불렸다. 인체 내에서는 단백질이나 DNA 합성, 조혈에 깊이 관여한다. 부족하면 신경이나 장의 기능에 장애가 생기지만, 일본인 의 식생활에서 결핍되는 일은 드물다.

- 라푼젤은 치료제로도 이용된다. 유럽에서는 항암, 항심장병, 항염증, 항당뇨병 작용 등 심각한 성인병의 개선 효과를 높이 평가하고 있다(Ramos-Bueno 외, 2016).

일본의 길가에서 야생화된
'노지샤(일본명)'

일본의 길가에서 야생화된
'노지샤(일본명)'

강력한 생명력의 혜택

엄청난 번식력과 엄동설한을 견디는 저항력은 풍부한 당분, 지질, 항산화 물질의 생성 덕분인 듯하다. 고맙게도 리놀렌산까지 만들어 내는데, 이는 우리 몸속에서 에이코사펜타엔산(EPA)으로 변환되어 호르몬 조절, 순환기계나 신경계의 수정·보강을 촉진한다.

유럽인들의 혀를 지배한 위대한 약초

프랑스의 미식가인 브리야 사바랭(18~19세기 프랑스 사람으로, 법관이지만 미식평론가로서 더 명성을 얻었다. -옮긴이)은 샐러드를 두고 이렇게 말했다. '샐러드는 허약한 몸에 생기를 불어넣고 초조한 기분을 부드럽게 풀어 준다. 회춘의 꿈을 이루어 주는 묘약이다(『世界食物百科세계식량백과』).'

샐러드는 실로 심플한 요리지만, 사실 그 세계는 끝없이 심오하다. 실제로 18세기 프랑스 귀족 달비냑(D'Albignac)이라는 인물은 영국으로 망명한 뒤 샐러드 만드는 법을 영국인들에게 가르침으로써 어마어마한 부를 거머쥐었다.

수많은 샐러드 채소 중에서 절대적인 지위를 획득한 것이 상추다. 많은 원종계 상추를 재배해 왔지만 그 쾌활한 식감과 풍부한 풍미는 그 어떤 채소에도 비할 수 없다. 마트에서 판매되는 결구상추도 좋아하지만, 원종에 가까운 잎상추(우리나라에서 흔히 이야기하는 상추. -옮긴이)의 맛은 실로 훌륭하고 재배도 간단하다. 매장에 진열되지 않는 '마니아'를 위한 품종을 씨앗부터 길러 식탁에 초대하면, 미식가 사바랭이 아니더라도 그 미려한 색채와 개성 넘치는 풍미에 감사 기도를 올리고 싶어진다.

앞서 치커리를 이야기할 때 살펴본 바와 같이, 원종 상추는 지금도 야생에 존재한다. 일설에 의하면 기원전 4,500년경 고대 이집트에서 재배가 시작되었다고 하며, 이집트 신화의 풍요와 자손 번영을 관장하는 신인 '민(Min)'에게 바쳐졌다. 상추에 상처를 입히면 우윳빛 유액이 배어 나온다. 이집트인들은 이를 신성하게 여기며 숭배했고 '성스러운 약초'로서 연구를 진행했다. 당시 영유아 사망률이 30퍼센트가 넘고 남녀 평균 수명이 25살에 불과했던 고대 이집트 사회는 약초를 이용해 의술과 약술을 발전시키고 보급함으로써 인구수를 폭발적으로 늘려 거대 문명을 구축했다.

단, 고대 이집트인과 로마인들은 대단히 중요한 점을 간과하지 않았다. 상추는 독초이기도 하므로 다룰 때 세심한 주의를 기울였던 것이다.

국화과 | 왕고들빼기속

상추

Lactuca sativa

원산지	지중해 연안, 중근동
재배 역사	6,500년 이상
생활사	1~2년생
개화 기간	5~6월

생육 양상 및 성질

씨앗을 뿌리면 기분 좋게 쑥쑥 자라난다. 겨울 서리도 잘 견디기 때문에 한겨울의 정원과 식탁을 아름답게 수놓기에 안성맞춤. 정원의 양상추는 신기하고도 오묘한 아름다움을 뽐낸다.

아이스버그

레드 샐러드 볼

아이스버그

특기 사항

상추를 제물로 받은 고대 이집트 신 '민'은 이집트 문명이 시작되기 전부터 줄곧 숭배되던 중요한 신이다. '신들린' 효능과 상쾌한 식감을 무기로 상추 샐러드는 세계 문명을 완전히 제패했다. 일본에는 덴표 6년(734년) 이전에 들어왔다고 한다.

환각과 의식 상실을 일으키다

2008년 5월 이란의 산악 지대에서 사고가 발생했다. 일부 지역에서는 야생 상추를 샐러드로 만들어 먹곤 하는데, 8명의 이란인이 수확기가 아닌 어린 상추를 샐러드로 먹었다. 제약 원료로 알려진 야생 상추의 유액이 문제였다. 고대 이집트 사람들은 경외했던 물질이지만, 여기에 들어 있는 락투카리움(lactucarium) 등은 높은 효능과 함께 심각한 부작용도 나타낸다. 중독되면 어지러움과 메스꺼움이 몰려와 심하게 구토한다. 여기서 끝나는 것이 아니라 그 다음으로 환각, 환청이 몰려와 극도의 불안증을 일으키고 운동 기능 장애를 동반한다. 결국 의식을 상실한 그들은 중환자실로 옮겨졌다.

다행히 모두 회복할 수 있었지만, 상추가 마약 중독과 유사한 반응을 일으킨다는 사실은 잘 알려지지 않았다. 1917년 서벌(Servall)사(社)가 발행한 제약 재료 목록에 '아편이나 코카인을 사용할 수 없을 때 상추를 대용품으로 사용 가능하다'라고 나와 있듯이, 의약 면에서 마약에 준하여 사용된 역사가 있다(Besharat, 2009년). 위장 염증에 매우 효과적인 약으로 알려지고 기침약으로서의 평판도 높아, 기관지염, 백일해, 심인성 기침 등 고통스러운 기침에 잘 들었다고 한다. 기침, 진정, 진통 등에 좋다는 사실을 통해 상추의 유액 성분이 중추 신경계에 작용하고 있음을 알 수 있다. 특히 콜린계 신경전달물질을 사용하는 신경세포에 작용하는 것으로 알려져 있다.

강한 독성을 지닌 야생 상추는 병해충에 매우 강한 저항성을 보인다. 우리와 친근한 밭의 상추들은 병해충에 약해졌지만 대신 쓴맛이나 독성은 줄었다. 효능이 감소했으나 단맛은 증가한 것이다. 이제 수백 종을 헤아릴 정도의 품종이 존재하지만, 원종에 가까운 품종일수록 풍미와 사랑스러운 매력이 넘친다.

국화과 | 왕고들빼기속

야생 상추

Lactuca virosa

원산지	지중해 연안, 영국 등
재배 역사	야생종
생활사	2년생
개화 기간	7~9월

생육 양상 및 성질

매우 튼튼하다. 일본(간토)의 폭염과 엄동설한도 아무렇지 않게 견딘다. 겉보기에는 일본의 잡초와 흡사해 수상한 느낌마저 든다. 독상추라 불리기도 한다.

씨앗

특기 사항

세스퀴테르펜 락톤류의 하나인 락투카리움을 매우 잘 생산한다. 인체에 강한 자극 작용을 하여 마약 중독과 비슷한 반응을 일으킨다. 한편 정성껏 정제해 적절히 처방하면 피부 질환이나 심한 기침에 잘 듣기에 유럽에서는 지금도 이용되고 있다.

▮ 인생을 채색하는 '채소가 있는 삶'

독기가 완전히 빠진 상추는 샐러드 채소로서의 절대적 권위를 쥐게 된다. 한편 야생에 가까운 원종 계열 상추는 지금도 민간요법이나 현대 유럽 약학 세계에서 제약 원료로서의 중책을 다하고 있다. 약으로 만들기 위해서는 약간의 수고가 든다. 일반적인 방법은 유액을 모아 건조하고 이를 가루 형태로 만드는 것. 구체적으로는 끓는 물에 삶아 유액 성분을 추출하여 굳히는 것인데, 아주 적은 양만 채취할 수 있으며 그대로 복용하는 것은 매우 위험하다. 외용약으로서 시판 에센스나 로션과 섞으면 자외선 손상 피부나 피부 질환에 효과가 있다고 하니, 꼭 사용하고 싶다면 이것부터 시도해 보자.

기능성 성분으로 특별히 언급할 만한 것은 앞서 치커리를 이야기할 때 언급했던 세스퀴테르펜 락톤류. 항염증과 이뇨 작용, 식욕 증진 및 소화 촉진 작용이 있으며, 그 외에 특수한 작용으로는 진통, 진정, 기침 완화, 항말라리아 작용 등이 알려진다. 일반적인 재배종 상추에 함유된 양은 미량에 그친다(105쪽 표 참고).

잎상추류는 재배도 쉽고 수확도 빠른 만큼, 다음의 중요한 점을 빠뜨리면 효능이 크게 떨어진다. 채소와 허브의 공통점은 과도하게 영양을 공급하면 풍미가 약해지고 기능성 성분이 줄어든다는 데 있다. 원래 삶의 방식에 맞는 환경이 갖춰질 때 비로소 이들은 활기차게 생명을 꽃피운다.

상추는 석회질의 마른 토양을 좋아한다. 마당에 심을 때도 유기 석회 등을 사용하여 토질을 중성에서 약알칼리성으로 만들어야 상추의 진가를 체감할 수 있다. 샐러드의 상추가 맛있으면 식사의 즐거움이 훨씬 더해진다. 천천히 음미하면서 자연계의 신비함도 되새겨 보자.

상추(재배종)의
기능성 성분 예

— 세스퀴테르펜 락톤류

— 루테올린, 루틴

— 카로티노이드류

— 비타민 B · C · E

- 세스퀴테르펜 락톤류를 생산하는 식물은 한정적이다. 강한 쓴맛이 있지만 효능은 뛰어나 항염증, 식욕 증진, 소화 촉진, 이뇨 작용 외에 진정, 진통 작용도 보이며 특수한 것으로는 항말라리아 작용도 알려져 있다. 시판 상추에서는 SLs의 쓴맛과 효능을 기대하기 힘들지만 치커리(104쪽)로 체험 가능하다. 함유량 차이에 대해서는 105쪽의 표를 참조.

- 루테올린(162쪽)은 피망 항목에서 언급한 작용 외에도 항종양, 순환기계 보호, 면역계 자극 및 활성화 작용 등이 기대되고 있다. 강력한 항산화 작용을 하는 카로티노이드류와 비타민도 풍부하다. 세계 각국의 연구자와 가드너가 상추에 바치는 애정과 칭송은 일본인들이 놀랄 정도다.

롤로 로사

루즈 디베르

그린 샐러드 볼

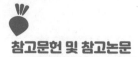

참고문헌

農文協 (農山漁村文化協会/編. (2004). 野菜園芸大百科 第2版. 農文協. *第1~19巻

青葉高. (2013). 日本の野菜文化史事典. 八坂書房.

Charles M. Skinner. (2015). *Myths and Legends of Flowers, Trees, Fruits, and Plants*. Forgotten Books. *1911年刊の復刻

Roy Vickery/編著, 奥本裕昭/訳. (2001). イギリス植物民俗事典. 八坂書房.

加藤憲市/著. (1976). 英米文学植物民俗誌. 冨山房.

Eugen Strouhal/著 内田杉彦/訳. (1996). 図説 古代エジプト生活誌. 原書房. *上・下巻

大槻真一郎/責任編集. (2009). プリニウス博物誌. 八坂書房. *植物篇、植物薬剤篇.

Andrew Chevallier Mnimh/著、難波恒雄/監訳. (2000). 世界薬用植物百科事典. 誠文堂新光社.

Barbara Santich,Geoff Bryant/編、山本紀夫/監訳. (2010). 世界の食用植物文化図鑑. 柊風舎.

岡田稔/新訂監修. (2002). 新訂 原色牧野和漢薬草大図鑑. 北隆館.

Maguelonne Toussaint-Samat/著、玉村豊男/訳. (1998). 世界食物百科—起源・歴史・文化・料理・シンボル. 原書房.

塩野七生/著. (1993). ローマ人の物語Ⅱ ハンニバル戦記. 新潮社.

그 외 다수

참고논문

Anne C. Kurilich et a. (1999). l. Carotene, Tocopherol, and Ascorbate Contents in Subspecies of Brassica oleracea. *Journal of Agricultural and Food Chemistry 47*, pp. 1576~1581

L.Fernando Reyes, J. Emilio Villarreal, Luis Cisneros-Zevallos. (2007) The increase in antioxidant capacity after wounding depends on the type of fruit or vegetable tissue. *Food Chemistry 101*, pp. 1254~1262

Shiow Y. Wang, Kim S. Lewers, Linda Bowman, Min Ding. (2007) Antioxidant Activities and Anticancer Cell Proliferation Properties of Wild Strawberries. *Journal of the American Society for Horticultural Science 132⟨5⟩*, pp. 647~658

Carlos Enrique Guerrero-Beltrán, Mariel Calderón-Oliver, José Pedraza-Chaverri, Yolanda Irasema Chirino. (2012) Protective effect of sulforaphane against oxidative stress:Recent advances. *Experimantal and Toxicologic Pathology 64*, pp. 503~508

C. J. Atkinson, P. A. A. Dodds, Y. Y. Ford, J. Le Mière, J. M. Taylor, P. S. Blake and N. Paul. (2006) Effects of Cultivar, Fruit Number and Reflected Photosynthetically Active Radiation on Fragaria × ananassa Productivity and Fruit Ellagic Acid and Ascorbic Acid Concentrations. *Annals of Botany 97*, pp. 429~441

Edward Giovannucci. (1999) Tomato-Based Products, Lycopene, and Cancer: Review of the Epidemiologic Literature. *Journal of the National Cancer Institute 91⟨4⟩*, pp. 317~331

Tarek A. El-Adawy and Khaled M. Taha. (2001) Characteristics and Composition of Watermelon, Pumpkin, and Paprika Seed Oils and Flours. *Journal of Agricultural and Food Chemistry 49*, pp. 1253~1259

東敬子、室田佳恵子、寺尾純二. (2006) 野菜フラボノイドの生体利用性と抗酸化活性. *日本ビタミン学会誌80⟨8⟩*, pp. 403~410

眞岡孝至. (2007) カロテノイドの多様な生理作用. 食品・臨床栄養 2, pp. 3〜14

池上幸江、梅垣敬三、篠塚和正、江頭祐嘉合. (2003)「野菜と野菜成分の疾病予防及び生理機能への関与. 栄養学雑誌 61 ⟨5⟩, pp. 275〜288

그 외 다수

하루 한 권, 채소

초판인쇄 2023년 07월 31일
초판발행 2023년 07월 31일

지은이 모리 아키히코
옮긴이 원지원
발행인 채종준

출판총괄 박능원
국제업무 채보라
책임편집 조지원 · 김도영
디자인 홍은표
마케팅 문선영 · 전예리
전자책 정담자리

브랜드 드루
주소 경기도 파주시 회동길 230 (문발동)
투고문의 ksibook13@kstudy.com

발행처 한국학술정보(주)
출판신고 2003년 9월 25일 제 406-2003-000012호
인쇄 북토리

ISBN 979-11-6983-403-2 04400
      979-11-6983-178-9 (세트)

드루는 한국학술정보(주)의 지식 · 교양도서 출판 브랜드입니다.
세상의 모든 지식을 두루두루 모아 독자에게 내보인다는 뜻을 담았습니다.
지적인 호기심을 해결하고 생각에 깊이를 더할 수 있도록, 보다 가치 있는 책을 만들고자 합니다.